図解即戦力

豊富な
知識0

IoTのしくみと技術がしっかりわかる教科書

これ1冊で

IoT検定パワーユーザー対応版

IoT 検定ユーザー教育推進ワーキンググループ 著

技術評論社

ご注意：ご購入・ご利用の前に必ずお読みください

IoTを学ぶ理由

身近になったIoTとは？

私たちの身の回りにあるさまざまなものが、インターネットを介して接続される時代になりました。皆さんも新聞やニュースなどでよく見聞きするようになった「IoT」が当たり前になっています。IoTは、Internet of Thingsの略で、「モノのインターネット」と訳されます。概ね、多種多様なモノがネットワーク（インターネット）を介して接続され、互いにデータを送受信し合い、そのデータを活用することで新たな付加価値を生み出す仕組みといえます。

例えば、家の中にある家電も、直接インターネットに接続できるものが増えてきています。エアコン、ブルーレイレコーダーなどがその代表です。エアコンがインターネットに接続されることでどのような付加価値が私たちに与えられるでしょうか？

気温が35度を超える猛暑日は、最近では珍しくなくなりましたが、外出先から自宅に帰り、蒸し風呂状態の部屋に入るのが不快と思った方は非常に多いことでしょう。急速冷房を行っても、しばらくは快適な環境にならず、ぐったりしたままで何も手に付かないという方もいるかと思います。しかし、エアコンがインターネットに接続されることで、外出先からスマホなどを利用して、帰宅前にエアコンの電源を入れることができます。そうすれば、部屋に入ったときには快適な環境になっており、不快な思いをせずに過ごすことができます。この帰宅とともに快適な環境が提供できるということが新たな付加価値となります。

この例では、人間のアクション（帰宅前にスマホからエアコンの電源を入れる）によって、エアコンを起動していますが、室内の温度を測定し、一定以上の温度になったら自動的に電源を入れたり、設定している温度を調整できたりするようになれば室内の温度を一定に保つといったことも可能となります。ビニールハウスで、栽培している農作物の発育にとって、一定の温度に保つことが重要であれば、この仕組みは大きな付加価値をもたらします。

IoTが担う役割

では、なぜ今IoTが注目されているのでしょうか？

私たちの取り巻く環境にはさまざまな課題が存在します。少子高齢化による労働人口の減少、地方における過疎化の進行や地域社会の機能低下など課題は山積しています。

これらの課題を克服し、経済発展をも両立するような人間中心の新たな社会を目指すために内閣府の第5期科学技術基本計画として「Society 5.0（超スマート社会）」が提唱されています。国を挙げてこの課題に立ち向かい、新たな社会を達成することが私たちの明るい将来を導くものとして取り組まれています。

このSociety 5.0を実現させるために必要なものとして、IoT、人工知能（AI）、ロボティクス、ビッグデータといった技術革新が重要な位置づけにあります。これらの技術革新は、第4次産業革命と称され、日本国内だけでなく、諸外国においてもさまざまな取り組みが進められており、日夜新しい取り組みが世の中に誕生しています。IoTは、まさに第4次産業革命の1つの柱であり、AI、ロボティクス、ビッグデータなどが連携し合って新たな社会を創り出す大きな役割を担っています。モノづくりの現場である製造業だけでなく、農業、医療、流通、教育などさまざまな業界において、IoTをはじめとする技術革新が今後必要とされています。

IoTシステムに求められる技術要素

IoTはセンサーを用いてデータを収集する部分にフォーカスが当たることが多いですが、IoTシステム全体を考えると、さまざまな技術要素が必要となります。

①デバイス技術

私たちが住む現実世界において、対象となるさまざまなデータを把握することから始まります。取得したいデータに応じたセンサーを用いて、データを収集する制御装置が必要となります。

一般的には組み込み系のデバイスを用意します。屋外に設置して利用することが多いため、雨や埃などの自然環境を考慮し、消費電力を考慮したバッテリー運用などに注意する必要があります。

②ネットワーク技術（特に無線ネットワーク技術）

多数設置したデバイスで収集したデータは、インターネット上のクラウドなどに用意したサーバーに一元管理され、分析します。

そのため、デバイスからサーバーに対して、ネットワーク経由でデータを送受信する必要があります。

センサーを搭載したデバイスは、屋外に設置しているケースが多いため、ケーブルを接続した有線ネットワークを用意することが困難です。そのため、IoTでは無線ネットワーク技術が特に重要です。

③プラットフォーム技術

センサーデバイスで収集したデータは、一元管理し、データ分析等で活用していきます。

さまざまな場所に設置されたセンサーデバイスのデータを、どこからでも簡単に1か所に集中管理できる環境を用意する必要あります。現状では、クラウドが一般化されていますので、クラウドサービスを利用したIoTシステムの構築が容易に行えます。したがって、クラウドをIoTシステムのプラットフォームとして利用するにあたり、クラウド上での分散処理技術やデータ処理技術を認識することが重要です。

④データ分析技術

クラウド上のサーバーには、多種多様なセンサーデバイスから絶えずデータが届き、蓄積されていきます。これらの大量なデータから、傾向を分析したり、特徴を見つけ出したりすることが求められます。そもそも大量なデータを効率的に、かつ効果的に利用するためには、ビッグデータ分析の技術が不可欠です。また、データの分析にあたっては、人間が探索的に特徴などを見つけるには限界があるため、機械学習などAI技術を活用し、コンピューターに分析や解析を実行させることが重要です。

⑤セキュリティ技術

IoTシステムに限らず、現在私たちが日常的に利用しているシステムは必ずセキュリティ対策が施されています。IoTでは、多数のセンサーデバイスからインターネットを介してデータが届きますが、悪意のあるユーザーからのデータをセンサーで収集した値と勘違いすることで、分析結果が誤り、異なった対応を実行してしまう危険性があります。そのため、データの送信元を確認するための認証技術などセキュリティ技術が重要です。

このように、IoTは1つの技術で成り立っているわけではなく、たくさんの技術が複合的に連携することで実現しています。IoTは、技術の総合格闘技と呼ばれる所以はそこにあります。すべての技術を奥深くまで理解するには、相当困難ではありますが、それぞれの位置づけを把握し、全体像を理解することは、IoTを学ぶうえでとても重要なことです。

IoTに関わる人

IoTを活用した仕組みを世の中に提供するには、さまざまな立場の方が関わって成り立ちます。

①IT企業・SIer・IoTベンダー

IoTシステムに必要な技術要素を自社開発したり、他のベンダーが提供する技術やサービスを組み合わせたりして、ユーザーが求めるシステムを形あるものとして提供する役割を担います。IoTシステムは先述のとおり、さまざまな技術を組み合わせて実現するため、1社ですべての技術要素をフルスタックで提供できるケースは非常に少ないです。技術の提供やシステムの設計などを行うためには、IoTについて技術要素を中心に、幅広く、詳細な知識が必要です。

②コンサルタント・診断士

ユーザー企業のビジネスを成功に導くため、現状の課題を洗い出し、IoTによる解決策などを提案します。各社のIoTサービスの特徴を見極め、ユーザーに最適な仕組みなどを提案するためにも、幅広く、詳細な知識が必要です。

③ユーザー企業・現場責任者

経営者を含め、ユーザー企業の責任者は、自社のビジネスを発展させ、成功に導くために、IoTを取り入れることが今後必須になってきます。そのためには、世の中にどのようなサービスが存在し、それらによってどのような効果がもたらされるかを認識して、IoT導入の意思決定や、その助言を行う必要があります。そのためにも、IoTの詳細な技術知識はなくても、幅広い知識を有し、IoTベンダーやコンサルタントと会話できるようにしておくことが必要です。

④一般ユーザー（学生・個人を含む）

これからの社会には、IoTシステムがたくさん誕生し、一般ユーザーは日常的にそれらに触れる機会が増えます。その際に、自らの目的に合致したIoTサービスを見つけ出し、それぞれの特徴を判断したうえで、選択が必要となります。そのためにも、IoTに関する幅広い基礎知識が必要です。

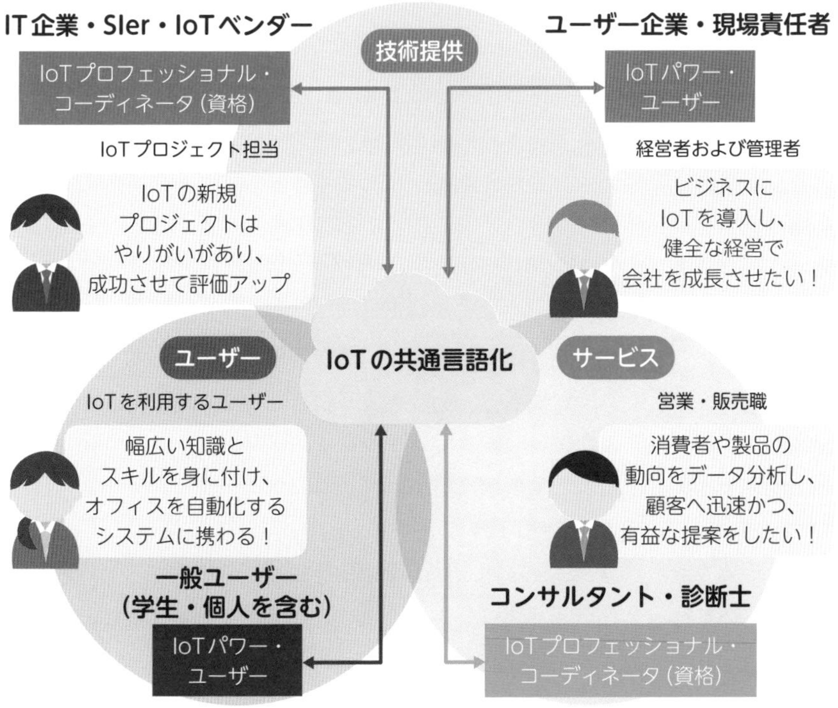

本書の対象者と構成

本書では、特に「③ユーザー企業・現場責任者」、「④一般ユーザー（学生・個人を含む）」の方を対象とし、IoTの専門知識を深掘りするのではなく、全体的な概念を学べるような内容で構成しています。これは、後述します「IoT検定ユーザー試験パワー・ユーザー」レベルのスキルマップに対応したものです。

なお、「①IT企業・SIer・IoTベンダー」、「②コンサルタント・診断士」の方には、別途上位レベルの資格として、「IoT検定レベル1試験プロフェッショナル・コーディネータ」が現在提供されています。

「IoT検定ユーザー試験パワー・ユーザー」レベルは、IoT検定制度委員会で定義したスキルマップでは、以下の大きく8つのカテゴリに分類し、体系化しています。

IoT概要、戦略とマネジメント、産業システム、ネットワーク、デバイス、プラットフォーム、データ分析、セキュリティ

本書でも、この分類に対応づけて、第1章〜第8章が構成されています。

単に、ネットワークやデータ分析などの技術要素だけを取り扱っているのではなく、戦略やマネジメントなどのビジネス要素に関しても取り扱っている点が特徴です。IoTに関する幅広い分野の知識を網羅的に習得することが重要です。

なお、今回の執筆に関わった9名の専門家は、大半がIoT検定ユーザー試験開発ワーキンググループメンバーとして試験問題の作成に関わっています。それぞれの専門分野の執筆を担当し、初心者でもわかるようにやさしく解説しています。本文で全体を把握し、図表でビジュアル的にイメージし、模擬問題でスキルチェックできるような構成にしています。

IoT検定ユーザー試験を目指す方の参考書としてだけでなく、これからIoTに関わるための学習教材としても幅広く活用いただければ幸いです。

超スマート社会を生きるスキルホルダーの証として、IoT検定ユーザー試験にチャレンジしませんか？

IoT検定とは

IoTの共通言語化が必要になる

IoT検定とは、IoT検定制度委員会が認定するプロ向け、ユーザー向けの認定試験制度です。

委員会は複数の業界団体・企業・有識者で構成され、IoTに関わる知識やスキルを可視化し、より一層IoTを普及させることを目的として、IoT検定制度をスタートさせました。

まず、2016年にプロフェッショナル向けレベル1試験（プロフェッショナル・コーディネータ）、次いで、2018年にユーザー向けの試験としてIoT検定ユーザー試験（パワー・ユーザー）を開始しています。

開始から3年で約1,000名以上の合格者（IoTプロフェッショナル・コーディネータは2020年1月初旬現在、全国で1,002名を認定）が誕生しており、受験者はIoTに詳しいコンサルタントとして活躍している人もいます。IoTが単に技術の集合体ではなく、イノベーションの道具として、誰でも活用できる時代が来ています。

そのために必要な知識やスキル習得の結果、IoTの共通言語化として、またスキルの可視化としてIoT検定が求められています。

IoT検定の合格者は地域のIoT有識者として、社内での新規事業立ち上げやIoT企画、導入などに立ち会うことができます。また民間企業や製造業等のコンサルやIoT導入支援やアドバイスができる人材として、地域創生、産業活性化に寄与することもできます。各地にあるIoT推進ラボや自治体と連携して、中小企業やサービス業等を支援する組織や活動を地域で行う人材として活躍の場を広げています。

なお、IoT検定制度は次のとおり、ユーザー向けとプロフェッショナル向けの試験で構成されています。

・IoTリテラシーを測るユーザー試験パワー・ユーザー
・IoTに関わるすべての人向けのレベル1試験プロフェッショナル・コーディネータ
・IoT技術者向けのレベル2試験プロフェッショナル・エンジニア（※）
・IoT業界をリードするレベル3試験プロフェッショナル・アーキテクト（※）
※2020年1月現在、準備中です。

■ IoT検定制度の体系

IoT 一般ユーザー向け	IoT プロフェッショナル向け		
IoT検定ユーザー試験 パワー・ユーザー	IoT検定レベル1試験 プロフェッショナル・ コーディネータ	IoT検定レベル2試験 プロフェッショナル・ エンジニア	IoT検定レベル3試験 プロフェッショナル・ アーキテクト
IoT-PU	IoT-PC	IoT-PE	IoT-PA

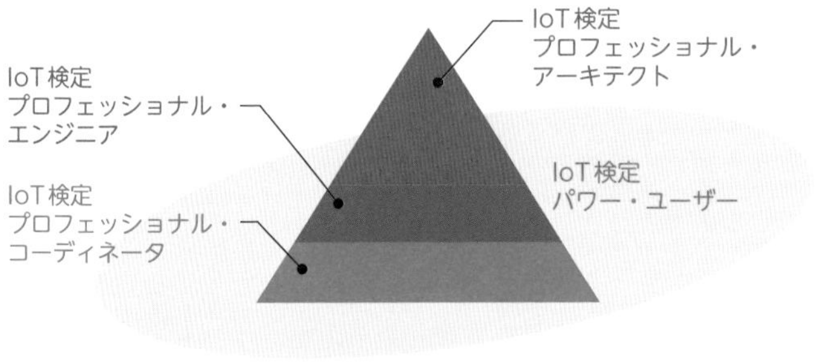

IoT検定の特長・メリット

IoT検定は、技術的な視点だけでなく、マーケティングやサービスの提供、ユーザーの視点から必要となるカテゴリ、スキル要件などを網羅し、それぞれの立場でIoTを企画・開発・利用するために必要な知識があることを認定します。

IoT検定の合格者はIoTについての幅広い知識を有していると企業や社会で評価され、やりがいのあるプロジェクトや重要な仕事を任される、コンサルタントとして活躍する、などのメリットがあり、将来性のある資格です。

IoT検定ユーザー試験　スキルレベル

IoT検定ユーザー試験パワー・ユーザーでは、ユーザーが持つべきスキルレベルを以下のように定義しています。

①IoTに関する用語についての知識を有しており、IoTプロジェクトに関わる業務の内容を理解することができる。
②IoTに関する提案を理解することができ、顧客企業や社内のIoTプロジェクトに協力することができる。
③IoTシステムの企画を読み、その目的や効果を理解することができる。
④IoTプロジェクトを推進するにあたって、法律やセキュリティに関する基本的な知識を持ち、リスク管理の必要性を理解している。
⑤IoTプロジェクトで必要となるIoTデバイスに関して、その概要や搭載されるセンサーについての用語知識を有している。
⑥IoTプロジェクトを進めるために必要なサービスやデータベースなどのソフトウェアからハードウェアまでの知識を持っており、それを採用する理由が理解できる。
⑦データ分析や機械学習に関する基本的な知識を持ち、その目的や特徴などを理解している。

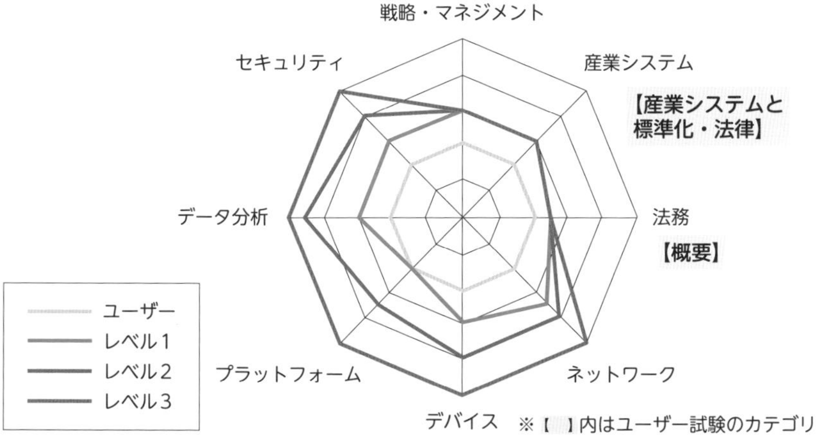

■ IoT検定ユーザー試験の概要

試験名称	IoT検定ユーザー試験
認定名称	IoT検定パワー・ユーザー
試験時間	40分＋アンケート
出題方式	三肢択一
問題数	48問（8分野×6問）
認定基準	グレード認定 グレードA＝正答率86～100% グレードB＝正答率76～85% グレードC＝正答率66～75% グレードなし＝正答率0～65%
試験方式	CBT方式（プロメトリック社）
試験カテゴリ	○マネジメント領域（IoT概要/戦略とマネジメント/産業システムと標準化（法律を含む）/セキュリティ） ○テクノロジー領域（ネットワーク/IoTデバイス/IoTプラットフォーム/データ分析）
その他	証明書（スコアレポート形式）が受験後発行されます

IoT検定を受験するには？

IoT検定はプロメトリック社が提供する全国約170か所の試験会場で受験できます。試験申し込みは、プロメトリック社のWebサイトからお申し込みください。

http://it.prometric-jp.com/testlist/iot/index.html

なお、試験はコンピューターを使用したCBT方式で実施されます。

IoT検定の各種情報

正　式　名　：　IoT検定制度委員会
設　立　日　：　平成28年4月27日
委　員　長　：　中島　洋　株式会社MM総研特別顧問、
元日本経済新聞編集委員、
元慶應義塾大学（SFC）教授
チェアマン　：　村上　憲郎　村上憲郎事務所代表取締役、
元Google副社長兼Google Japan社長
事務局長　：　近森　満　株式会社サートプロ　代表取締役CEO

公式ホームページ　http://www.iotcert.org/
公式フェイスブック　https://www.facebook.com/IoTkentei/

IoT検定制度委員会事務局　：　株式会社サートプロ　連絡窓口　近森　満
TEL　：　03-6276-1168　FAX　：　03-6276-1169
MAIL　：　info@iotcert.org

IoT検定の歩き方

★ 試験の概要を知りたい
→　http://www.iotcert.org/about/
（目的や特長、メリット、試験体系など）

★ まずは受験準備を始めよう！
→　http://www.iotcert.org/test/
（受験対策書籍・講座）

★ 気になる出題は試験要項のキーワードが重要
→　http://www.iotcert.org/summary/
（出題範囲、IoT検定スキルマップ）

★ 受験予約をすぐにでもしたい！
→　http://it.prometric-jp.com/testlist/iot/index.html
（全国の試験会場で毎日実施）

最新情報はリアルタイムにFacebookでお届けします。
https://www.facebook.com/IoTkentei/
ぜひ、「いいね！」でつながってください。

【お問い合わせ】
ご不明な点やご質問は、事務局までお願いいたします。

目次　Contents

1章
IoT概要

2章
戦略とマネジメント

3章
産業システム

4章
ネットワーク

5章
デバイス

6章
プラットフォーム

7章
データ分析

8章
セキュリティ

1章

IoT概要

IoTとは何なのか、どのように使われるのか。これから、IoTの技術が使われた製品やサービスが加速度を上げて普及していきます。普及により、私たちの生活、仕事、働き方、そして街の在り方においても、従来の常識を大きく覆すことになるでしょう。それは一体どのような世界なのでしょうか。この章では、それぞれの項目について具体例を挙げながらわかりやすく解説していきます。

01 IoTの概要

まず、IoTとは何かについて解説します。IoTの技術で何が可能となるのか、そして、私たちの生活はどのようになっていくのかを簡単に解説します。また、IoTの特徴と市場規模についても合わせて解説します。

IoTとは

IoTとは、さまざまなモノがインターネットにつながる仕組みのことで、「**Internet of Things**」の略称になります。パソコンやスマートフォンだけでなく、テレビや車、エアコンなどのモノがインターネットにつながることにより、我々の生活がどんどん便利になってきています。

■ IoTのイメージ

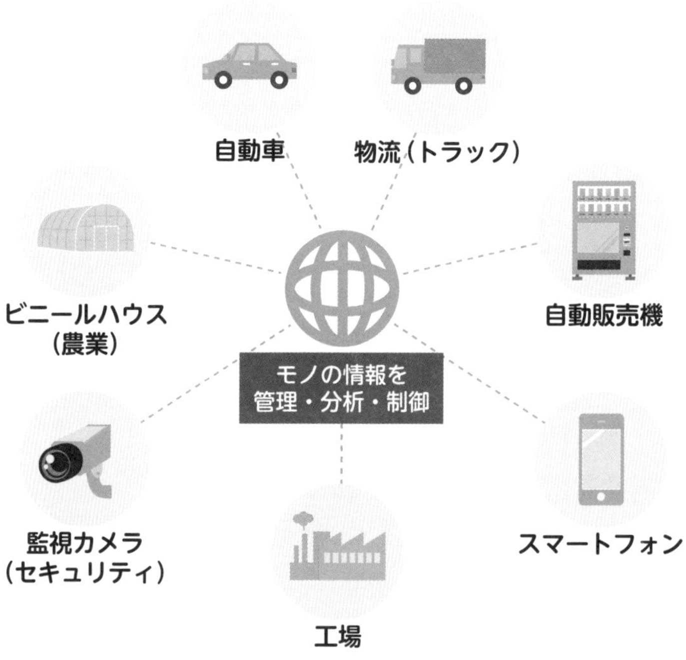

すべてがつながり、すべてが見える化

これまでは、インターネットにつながるものはパソコンやサーバーなどの一部のコンピューターだけでした。しかし、 コンピューターが小型化され、安価になったことにより、自宅や街中、職場などさまざまな場所にあるものにコンピューターが搭載され、インターネットに接続されるようになりました。最近では、家電製品などが直接インターネットにつながります。また、工場の設備や車、家などさまざまなものがインターネットにつながって、遠隔での状況確認や操作が可能となってきています。

蓄積されたデータは宝

センサーと通信機能を搭載したIoT機器から集められるデータはサーバーに蓄積されます。その**データを分析し、見える化**することにより、これまで人間が気付かなかったことに気付くようになり、新しいサービスや仕事が生まれてきています。例えば、工場においては、IoTの技術を利用して、ラインの設備どうしがつながり、不良率のさらなる低減、在庫の適正管理、保守・保全のコストカットが可能になってきています。

■ センサーからデータが集められる

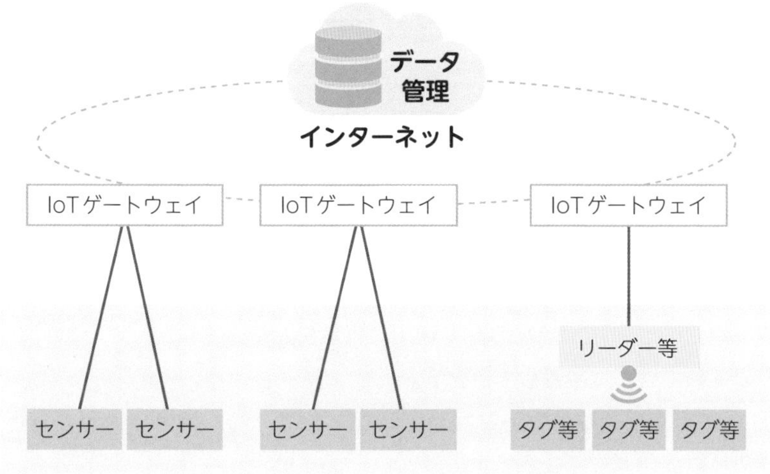

IoTによって何がどうなるのか？

IoTが普及すると、我々の生活はより便利になると考えられています。例えば、スマートフォンを利用すると、**遠隔で状況を確認し、機器の制御が可能**となるので、自宅の鍵をロックしたり、エアコンの電源をON/OFFしたりすることもできます。

また、カメラを使って、冷蔵庫の中身を確認したり、遠くにいる子供の安否を確認したりすることもできます。

■スマートフォンで自宅の鍵をロック

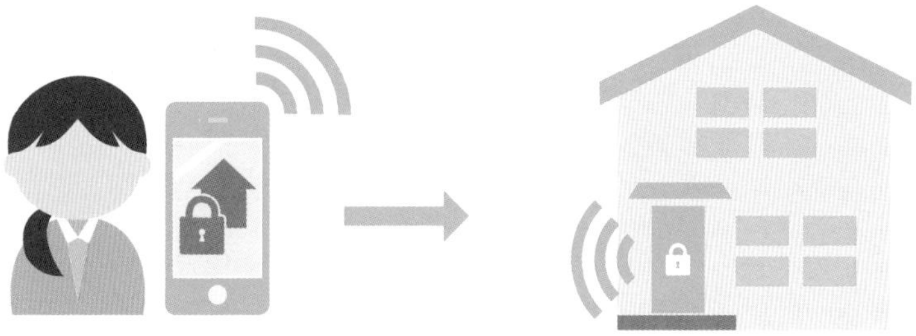

IoTの市場規模

IoTの市場規模は、急激な増加が想定されており、国内IoTの市場規模（IDC Japan株式会社 2018年3月発表）は、**2017年度は6兆円、5年後の2022年度には12兆円と予測され、5年間で2倍**になります。

現在、大企業が取り組みを始めていますが、今後数年で、すべての産業、そして中小企業でも急速に導入が進んでいくと考えられます。それは、提供される製品やサービスだけでなく、企業内の業務においても同様で、IoTの導入は企業の存続に大きく影響してきます。

IoTの市場規模が増加するに従い、私たちを取り巻く環境は大きく変化し、より便利に、効率的になります。

■ IoTの市場規模の予測

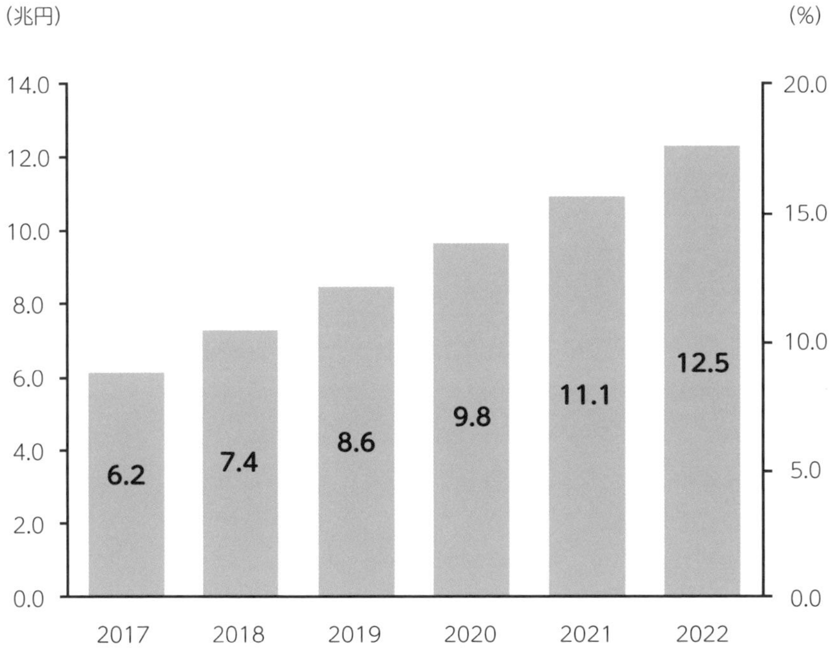

出典：https://dcross.impress.co.jp/docs/news/000431.html

模擬問題

1-1 IoTとはどのようなものですか。正しいものを選んでください。

(ア) 機械学習するAI

(イ) モノのインターネット

(ウ) 白物家電の別名

1-2 IoTの普及で何が変わりますか。誤っているものを選んでください。

(ア) 業務の効率化

(イ) 遠隔での見える化が可能

(ウ) 人の労働量は変わらない

▶▶ 解答 はp.48

02 産業分野のIoT

IoTが普及していくことで、ビジネスモデルを含め、環境が大きく変わっていくといわれています。第4次産業革命による製造業や、ビジネス環境の大変化に直面している自動車産業はどうなるのかについても解説します。

産業分野はどうなるか？

今後、IoTは産業分野において導入が進み、ビジネス環境が大きく変化していきます。産業分野において、IoTの影響を受けない分野はなく、急速に進む大きな流れに対応していかなければなりません。

従来、**特定の人や企業しかできなかったことが、IoTの技術により、簡単に、安価で行うことが可能**となります。そして、企業が生き残るためには、これまでにない価値を提供できることが条件となります。

ビジネスモデルの変更が必要

企業間や業界間の壁がなくなり、自社の業界、分野だけを気にする時代ではなくなります。また、これまで全く関係のなかった業界の企業の新規参入がしやすくなるため、自社の強みや弱みを分析し、自社業務におけるIoT化、自社製品やサービスへのIoT化を実施し、自社の強みを生かしつつ、新しい業界への参入も検討する必要があります。

IoT化が成功するための考え方

現在不都合なこと、非効率的なことなどの課題を解決するためにモノをIoT化するのであって、やみくもに実施しても得られるものはありません。IoTの本質をよく理解し、現状何が問題で何の課題を抱えているのか。そこを明確にすることがIoT化の成功につながります。

IoTシステムの実現でどんな価値が生まれ、我々にどのような影響を与えるのかをしっかりと検討をする必要があります。

イノベーションを起こす手段

IoTシステムは、**イノベーション**を起こすために必要なものです。イノベーションは、「革新」や「刷新」という意味ですが、日本では一般的に「技術革新」として広まっています。IoTシステムの活用で、これまでの常識が一変する可能性があり、さまざまな分野での活用が広がりつつあります。ただ、モノがインターネットにつながればよいということではありません。

■ データ価値の進化

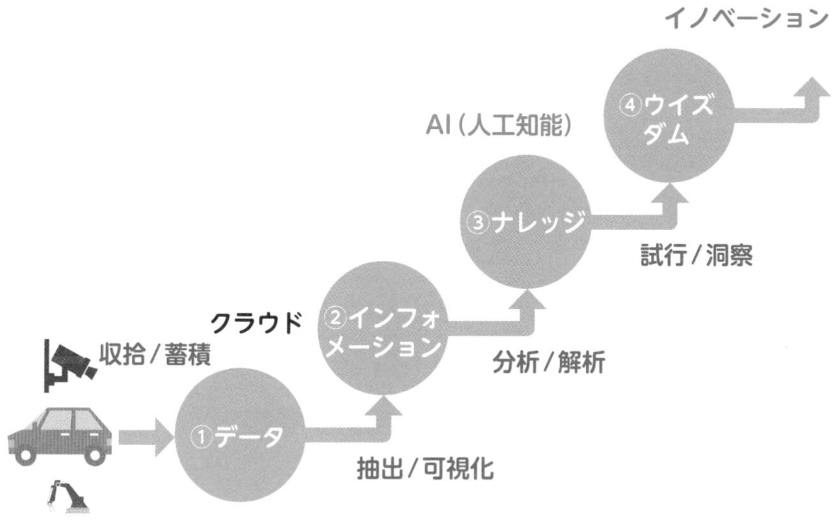

出典：https://tech.nikkeibp.co.jp/dm/atcl/column/15/111400136/00004/?P=2

第4次産業革命によるモノづくりの大変化

製造業においては、**第4次産業革命（Industry 4.0）**と呼ばれる、ドイツ政府の高度技術戦略から生まれたプロジェクトである**スマート工場（スマートファクトリー）**の実現で、新しい価値やビジネスモデルの創出を目指す取り組みが進んでいきます。スマート工場とは、製造設備がお互いにつながり、人の介在なくして、部品手配や製造工程の最適化を行うことができる次世代工場です。また、異なるメーカーの製造設備がネットワークでつながり、企業をまたがった製造活動が可能となります。

■ 第1次産業革命から第4次産業革命への移り変わり

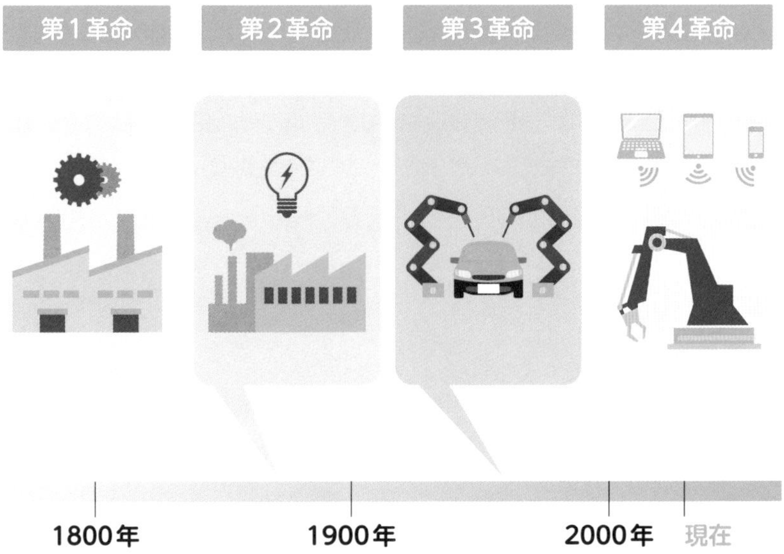

出典：https://www.icp-nmr.com/Technical%20Infomation/IOT.html

これから大きな変化が起こる自動車産業

自動車産業は、今後大きな環境変化が起ころうとしています。従来、エンジン製造などの技術により各社は鎬を削ってきました。今後訪れる自動車の電動化や自動運転の流れの中で、従来のメーカーだけではなく、特にIT企業などの新規参入が増加してくることが予想されます。そして、ビジネスモデルは、自動車の製造から、自動車を活用したサービスに大きくシフトしようとしています。各自動車メーカーは生き残りを賭けてさまざまな取り組みを行っている最中にあります。

現在、各自動車メーカーの連携が進み、将来を見据えた**MaaS**（Mobility-as-a-Service）の取り組みも進んでいます（p.34参照）。

特に、トヨタ自動車とソフトバンクが取り組んでいるMaaS戦略は、**移動における社会課題の解決を実現**するものとして、社会に大きな影響を与えていくことでしょう。

そのほかの産業の具体例

各産業の具体例の一部を以下に記します。

・製造業は第4次産業革命（Industry 4.0）による製造の最適化

・小売業は無人決済店舗で効率化

・金融業はキャッシュレス化やブロックチェーン（分散型台帳技術）で決済方法の変化。RPA（業務自動化ロボット）で数万人分の業務削減

・医療はAIが画像認識で見落とし低減と遠隔診断

・農業は、ビニールハウス内の温度や湿度、土壌の水分量などを管理し、可視化で遠隔管理

それぞれの産業で劇的な変化が起きていきます。**ビジネスモデルの見直し**を迫られることも多くなると考えられます。

模擬問題

1-3 IoTで産業分野はどうなりますか。正しいものを選んでください。
（ア）従来と変わらない
（イ）自動化は進むが、業界に大きな変化はない
（ウ）業界の壁もなくなり、新規参入が増える

1-4 第4次産業革命（Industry 4.0）とは何ですか 。正しいものを選んでください。
（ア）スマート工場の実現
（イ）インターネットの普及
（ウ）自動車業界の大転換

▸▸ 解答 はp.48

03 身近なIoT

すでに、身近なところでIoTの技術が使われたサービスを見つけることができます。それぞれの業界でさまざまな取り組みが行われており、今後急速にサービスが増えていくことが予想されます。ここではいくつかのサービスを紹介していきます。

身近なところで感じられるIoT化

すでに、我々の身近なところでIoT化が進んでいます。周りを見渡してみると、どこかにIoT化されたものがあるはずです。例えば、停留所のQRコードの読み取りでバスの到着時間を知ることができるサービスがあります。また、GPSで確認した位置を表示版で見える化して現在地を知らせるものもあります。そのほかに、最近ではポットに通信機能が内蔵され、1人暮らしの老人がお湯を入れる際にボタンを押すと、遠くにいる親族にボタンが押されたことを知らせ、生存を確認できるものもあります。そして、子供の安全確認のために、大手通信会社が通信タグを配布し、登下校時の校門通過時間を親に知らせる実証実験も行われています。

■ QRコードでバスの運行情報を確認できる

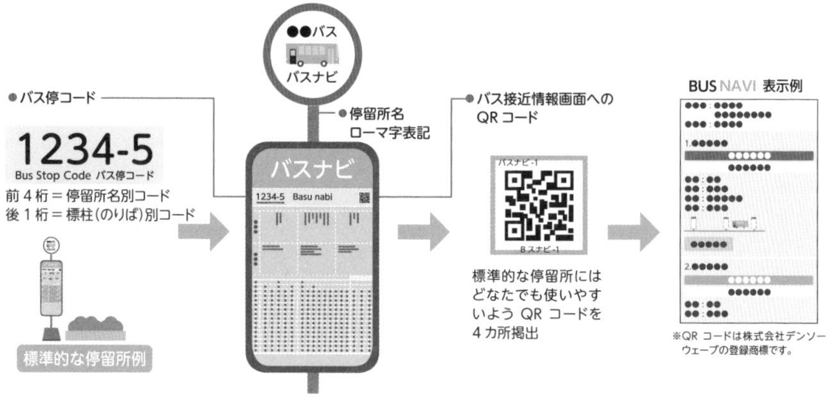

出典：https://ligare.news/story/keihan_ict/

日本でも無人決済店舗の時代が訪れる

JR東日本がAI（人工知能）技術を活用した**無人決済店舗**の実証実験を開始しています。決済は電子マネーで行われます。ローソンでも実証実験が行われていますが、こちらはQRコード決済を行っています。決済の方法・技術は各社それぞれです。

店舗内のセンサーとスマートフォン等の端末との通信で決済が行われるところにIoTの技術が使われています。

■ 無人決済店舗

出典：https://www.watch.impress.co.jp/docs/news/1145957.html

そのほかの身近な例

駐車場が便利に

街中で駐車場を探すのに非常に苦労をすることがありますが、最近では、予約ができたり、決済できたりするサービスが出てきています。空き状況やどのような駐車場かを確認することもできます。また、個人所有の駐車場を**シェアリング**で利用できるサービスもあります。これは、駐車場にカメラやセンサーを取り付け、常に監視をすることで車が止まっているかどうかを認識するという、IoT技術の活用による見える化で実現が可能になったサービスです。

現在、ソフトバンクが提供している、BLUU（ブルー）・スマートパーキングというサービスがあります。このサービスは、空きスペースを有効活用したいオーナーと、駐車場を探しているドライバーをつなげるプラットフォームで、オーナーのメリットは簡単に土地活用ができること、ドライバーのメリットはスマートフォンで駐車場を事前予約できることです。

■ BLUU・スマートパーキング

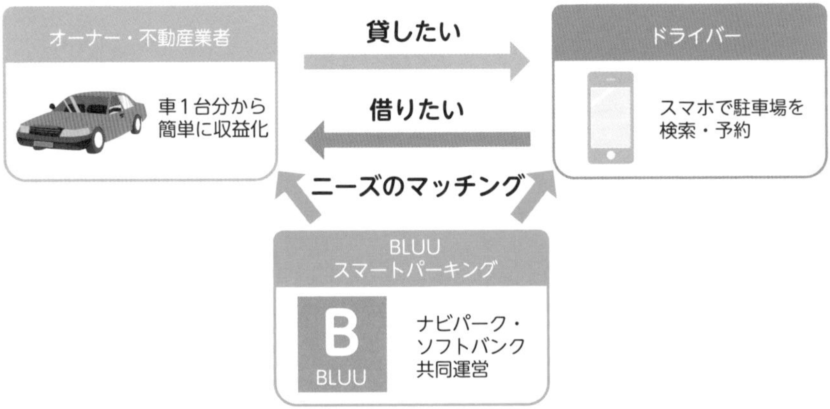

出典：https://www.navipark1.com/bluu/

ウェアラブルシステムの普及

ウェアラブルシステムで生体情報の計測ができます。着ているだけで、心拍や心電図が測定でき、心臓部分などの早期発見、早期治療が可能になります。

■ ウェアラブルシステム

スマートハウス・スマートホームで快適に

スマートハウスは、電力会社などが家の電力使用のコントロールを行い、太陽光による発電状況や水道の使用状況をデータ化して効率化を図ります。**スマートホーム**は、家電がインターネットでつながり、温度、照明、冷蔵庫の中身などを確認でき、その家電の操作を遠隔で行うことができます。今後は、ロボットの普及が進むことも考えられます。

模擬問題

1-5 無人決済店舗について正しいものを選んでください。

（ア）支払いは店の外で行う
（イ）店員はいないが、支払いは現金で行う
（ウ）店員がいなく、決済は電子マネーなどキャッシュレスで行う

1-6 スマートホームとは何ですか。正しいものを選んでください。

（ア）家の電力使用をコントロールすること
（イ）家電がインターネットにつながり、状況を確認し遠隔で操作ができる状態のこと
（ウ）家がインターネットにつながる状況のこと

▶▶ 解答 はpp.48-49

04 IoTの未来

近い将来、スマートな社会の実現でこれまでのさまざまな常識が変わり、社会の課題も解決されていきます。その内容とはどのようなものでしょうか。具体例とそれを可能にする技術について解説します。

スマートな社会が実現する

精度の高い自動運転車が街を走り、公共交通を含めた形で人々の移動はより効率化されていきます。街も新しくデザインされ、IoTでつながったスマートな街に変貌していることでしょう。街はより安全に管理され、治安も向上します。地方における生活および高齢者の生活の不便さは解消されていきます。

■スマートシティ

出典：https://www.jetro.go.jp/ext_images/_Reports/02/bbaea2a997300b76/reportsNY_201510.pdf

シェアリングエコノミーの広がり

今後社会を大きく変えていくと考えられている「**シェアリングエコノミー（シェアリング社会）**」とは、個人などが保有している場所や乗り物などの遊休資産を、インターネット上で賃借や売買、提供をするという新しい経済の動きになります。

そうした動きが普及することで、未来は、**所有から共有へ**価値観が大きく変化していることでしょう。自動車、自転車、洋服、スキルなどはすでにサービスが出てきていますが、今後は住宅までもがそうした概念で利用されているかもしれません。短期間で大きな経済効果を生み出す可能性があるといわれています。

■ シェアリングエコノミーの領域

シェアリングエコノミーの仕組み

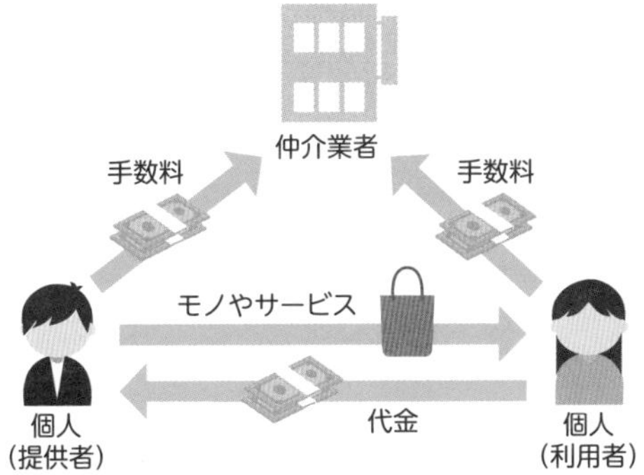

国内のシェアエコの市場規模（2016年、内閣府推計）
5250億～5850億円

空間	**1400億～1800億円** ・民泊・駐車場の貸し借り
モノ	**3000億円** ・フリーマーケットアプリ・洋服の貸し出し
移動	**（未推計）** ・カーシェア・自転者の貸し出し
お金	**700億～800億円** ・クラウドファンディング
スキル（技能）	**150億～250億円** ・家事代行・写真撮影サービス

出典：https://a-port.asahi.com/column/detail/171/

5Gの登場で生活がより便利に

5Gとは、現状の3Gや4Gに次ぐ通信方式です。現状と比較し、**通信速度が100倍、容量が1000倍**といわれています。この通信方式により、現在提供が難しいサービスが可能になります。5Gの通信の遅延は、人間が気にならない程度のレベルであるといわれています。例えば、自動運転の制御など、通信の遅延が重大な問題となる場合には、5Gを使用することによりその課題はクリアされます。遠隔手術も同様の理由で可能となります。

MaaSにより移動手段に変化、街も変わる

MaaSは、Mobility-as-a-Serviceの略であり、**ヒトやモノの移動に破壊的な変革**がもたらされると考えられています。公共交通などがインターネットでつながり、すべてを上手く使いながら、より効率よく移動することが可能になります。移動手段が変化することで、自治体の都市計画にも大きな影響を与え、より魅力的な街を創ることができます。

■ MaaSイメージ

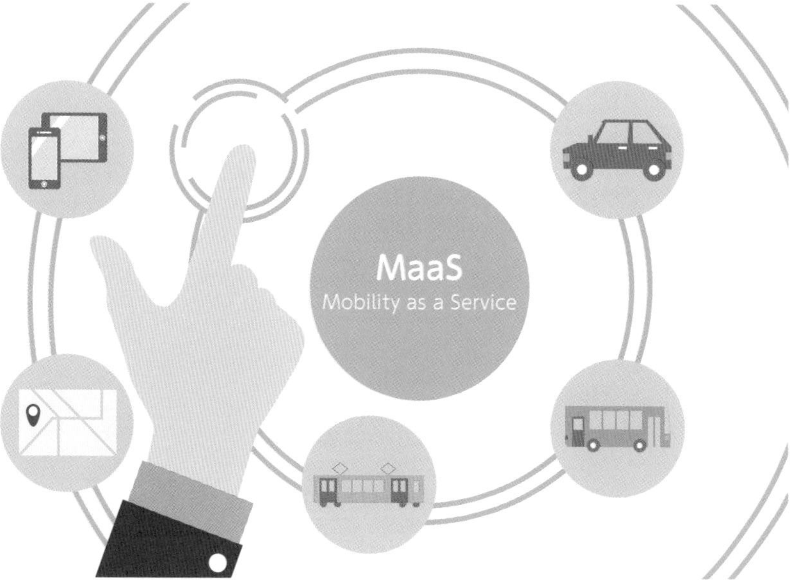

農業も自動化される

農業は現在、人材不足で後継者難の状況であり、また、生産性という観点からも課題を抱えています。IoTが導入されることにより、農業の分野においても大きな変化が起きようとしています。例えば、ビニールハウスでの野菜の栽培は、IoTの導入で温度、湿度、発育状況等が管理され、端末などで見える化が可能になり、問題があればシステムやメールで知らせ、収穫のタイミングも知らせてくれるようになります。収穫は、ロボットが傷を付けず摘み取ることが可能となり、人の負担が大きく減ります。生産性が大きく向上し、**農業に従事したい人が増えることも予想**されます。

以上のことは、IoTの未来のほんの一部ですが、遠い未来のことではなく、近い将来徐々に目に見える形で表れてくることでしょう。

模擬問題

1-7 5Gの特徴の説明で正しいものを選んでください。

(ア) 通信遅延のない自動運転車の実現

(イ) 従来と比べ大きな変化はない

(ウ) 5Gでは遠隔手術の実現は難しい

1-8 MaaSとは何ですか。正しいものを選んでください。

(ア) 人々の移動が効率化され、より便利になる考え

(イ) 配車アプリによるタクシー利用の利便性向上

(ウ) 自動車、自転車等のシェアリングの総称

1-9 IoTの導入で農業はどのように変わろうとしていますか。誤っているものを選んでください。

(ア) 生産性は若干下がるが、人の負担は変わらない

(イ) 問題があった場合や、収穫のタイミングもメールで知らせてくれる

(ウ) 自動化が進み、人材不足や後継者難の課題解決が可能となる

▶▶ 解答 はp.49

05 IoTと生活

IoTの普及は、私たちの生活にも大きな影響を与えます。IoTを活用したさまざまな製品やサービスで、これまで不可能と思われたことが可能になっていきます。我々の生活はどう変化するのでしょうか。その内容を具体的に解説します。

我々の生活はどう変化するのか？

IoTが普及することで、我々の生活はどのように変化するのでしょうか。家の中を始め、さまざまなものが大きな影響を受けます。家の中では、それぞれの電化製品がインターネットにつながり、**外出先で家の鍵をスマートフォンで開閉**でき、冷蔵庫の中身を知ることもできるようになります。また、その場で欲しいものを注文できるようにもなります。スマートスピーカー（AIスピーカー）が普及すれば、電化製品を音声で制御することが可能となります。

移動においては、今後公共交通を始め、すべてがインターネットでつながり、効率よく移動することが可能なシステムが構築され、移動に対するこれまでの概念が変わっていきます。

そして、自動運転車が普及することにより、例えば、これまで45分かかっていた通勤時間を、仕事時間やスキルアップの勉強時間にすることが可能となります。インターネットでつながっていますので、動画での情報収集もできます。街に出かけなくても内容に格差のない教育を受けることも可能となっていきます。

医療においては、病気の早期発見、遠隔手術、遠隔診断が可能となり、特に地方の生活における課題の多くが克服されていくことが期待されています。

また、街の監視・管理が進み、子供の登下校時も安心できる環境が整います。

現在、IoTはまだまだ発展途上です。

しかし、普及していくことにより、確実に私たちの生活は大きく変わっていきます。これまで不可能と思われたことが可能になっていくと考えられています。

スマートスピーカー普及で大きく変わる

スマートスピーカーとは、音声対話型のスピーカーで、こちらから話しかけることでいろんなことを実行できます。具体的には、検索エンジンによる調べものや、音楽の再生、ニュースの読み上げ、そして部屋の電気を消すことも可能となります。また、独自のアプリを開発することができますので、アプリが増えることによりできることが増えていきます。

スマートスピーカーが普及しつつあり、近い将来、我々の生活に深く浸透していくことが考えられます。朝になると、スマートスピーカーが起こしてくれ、カーテンも自動で開きます。話しかけると、ニュース、音楽、その他自分が知りたいことを教えてくれます。つながったそれぞれの電化製品を音声で操作することが可能となり、家事労働が軽減されます。朝、病院の予約をしてくれたりもします。

■スマートスピーカー

具体的な製品としては、Googleの「Googleアシスタント」、Amazonの「Alexa」、LINEの「Clova」などがあります。

家の中の家電はすべてがつながる

家の中の家電はすべてつながり、利便性が大きく向上します。照明のON/OFF、冷蔵庫の中にあるもの、お風呂のお湯などを外出先からも瞬時に把握できるようになります。その確認した状況から、操作を行うこともできるため、帰宅直前に部屋のエアコンを入れ、お風呂のお湯を入れるようにすることもできます。ただし、すべてをつなげることは、便利になる反面、セキュリティ上のリスクもありますので注意が必要です。

育児・介護もより安全に

子供から目を離すと、さまざまな事故が起きる可能性がありますが、IoTの技術により、子供がいる場所、状況を把握でき、事故を未然に防ぐことが可能となります。

■ みまもりロボットGPS BoT

出典：https://www.bsize.com/bot/gps/

また、介護においては、ベッドに取り付けられたセンサーで体調管理や状況の把握ができ、介護者の負担も軽くなります。

■ IoTによる介護のイメージ

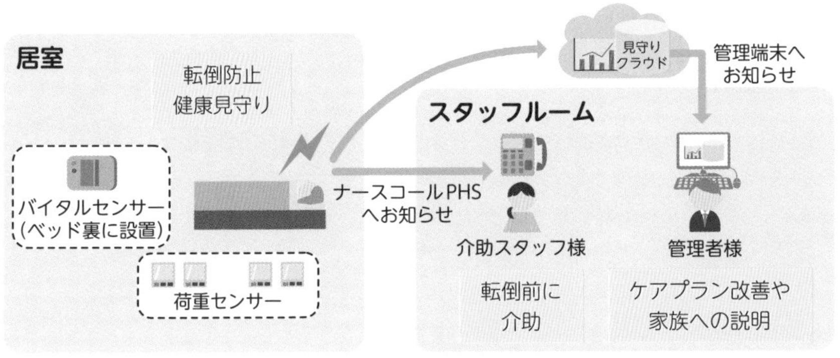

出典：https://news.mynavi.jp/article/20180116-572350/

スマートフォンが鍵になる

家の鍵もスマートフォンで操作ができます。外出先から家の鍵を開けることもできるため、必要に応じ、遠隔地から家に人を入れることが可能となります。

また、スマートフォンは、カーシェアでは車の鍵としても使われています。スマートフォンのBluetoothの機能を使って、ドアのロックやエンジンスタートが可能になります。

模擬問題

1-10 IoTで私たちの生活はどう変わるのか正しいものを選んでください。

(ア) 外出先から家の家電を操作できる
(イ) 他人の家を監視できる
(ウ) セキュリティのリスクは存在しない

1-11 スマートスピーカーの説明として正しいものを選んでください。

(ア) インターネットにつなぐことなく使用が可能
(イ) 音声で家電の制御や指示や質問に応じられる機器
(ウ) セキュリティのリスクは存在しない

▶▶ 解答 はpp.49-50

06 IoTと金融

金融もこれから大きな影響を受けていきます。技術革新の浸透により、新しいビジネスモデルを検討する必要があるといわれています。どのような技術が影響を与えるのか。そして金融業界の現在の課題と将来について解説します。

金融業界にも変化の波

金融の世界も技術革新により大きく変わろうとしています。政府による**キャッシュレス化の推進**、ブロックチェーン（分散型台帳技術）による**「決済業務」の減少**など従来の中心的な業務が縮小していこうとしています。

また、技術革新の浸透により、金融機関は従来のビジネスモデルだけでは生き残れない状況にあるため、新しいビジネスモデルを構築していかなければなりません。現在の店舗中心の運営から、IoT機器によるインターネットにつながった取引の運営に大きく転換をしている最中であります。

クラウドファンディングによる資金調達の変化

クラウドファンディングとは、不特定多数からインターネット上で資金を募る仕組みです。

■ クラウドファンディング

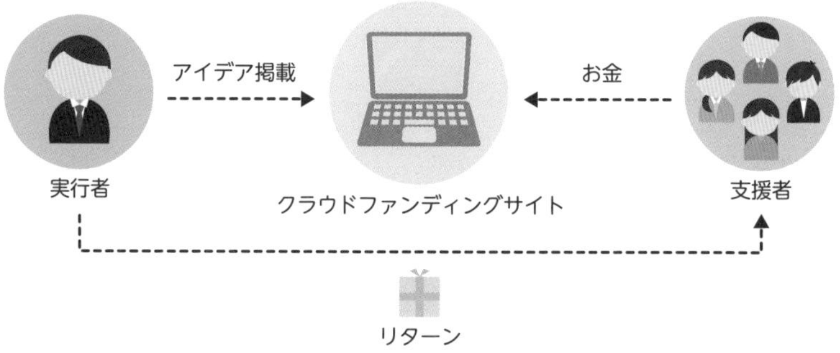

資金が必要な場合、従来は金融機関から資金調達をしていましたが、クラウドファンディングの普及により、金融機関に頼らずに、インターネット上で共感を持った人からの資金調達が可能になってきました。スマートフォンなどのIoT機器で、いつでもどこでも資金調達が可能となります。

キャッシュレス化が進む

キャッシュレス化は、政府が推進しており、今後急速に普及していくことでしょう。すでにいくつかの企業がサービスを開始しており、QRコードや仮想通貨などで支払いが可能になりつつあります。それは、スマートフォンなどのIoT機器がインターネットにつながり、即時決済が可能となる仕組みです。今後は、金融機関やクレジットカード会社以外の新規参入企業が増え、金融機関にとってはビジネス環境が大きく変化していきます。

■ QRコード決済のイメージ

仮想通貨の登場

仮想通貨とは、高度な暗号化技術で、電子データのみでやり取りされる通貨です。国家による価値の保証はありません。決済の利便性が高まってきており、金融機関を利用する場合と比較し、コスト面でも魅力があります。金融機関にとっては、これまでの手数料や金利などの収入が大きく減少することが予想されます。

以上挙げた技術により、いつでも、どこでも決済が可能となり、資金調達も従来の概念を覆します。金融機関は、「過去からのブランド」「駅前の店舗」「規模」などの過去の遺産に頼ることは難しく、ビジネスモデルの見直しや新たな事業を検討する必要が出てきています。

■ 仮想通貨のイメージ

生き残りを賭ける取り組み

上記のIoTが浸透したとき、金融機関に対する従来の信頼やブランドは重要視されなくなります。

サービスとして運用が残るとされていますが、ロボアドバイザーやビッグデータ解析等の先端の技術を使った金融以外の新興企業が現れてきます。

そうしたこれまでの環境が大きく変わろうとしている現在、回避できないデジタル化の波に乗り、優位な立場を確保できるようなアプローチが必要とされています。

■ロボアドバイザー

模擬問題

1-12 クラウドファンディングの説明で正しいものを選んでください。

(ア) 金融機関によるインターネットバンキングの別名

(イ) 現金を使わない金融機関による資金調達

(ウ) インターネットによる不特定多数からの資金調達

1-13 キャッシュレス化とは何ですか。正しいものを選んでください。

(ア) 現金を持ち歩かないようにする活動

(イ) 現金を使用しない決済手段のこと

(ウ) 国家が現金を廃止する考え

1-14 技術革新により、金融機関が大きく変わろうとしています。その内容として誤っているものを選んでください。

(ア)「決済業務」が減少するので従来の中心的な業務が縮小しようとしている

(イ) 店舗中心の運営からIoT機器による取引に大きく転換をしている

(ウ) 収益的に厳しくなるが、ビジネスモデルまで変える必要はない

▶▶ 解答はp.50

07 IoT と働き方改革

政府が進めている「働き方改革」では、多様な働き方の実現を目指しています。その実現のために、IoT・AIの技術が大きく期待されています。どのような技術が何を解決していくのでしょうか。

働き方改革とは

働き方改革とは、政府が掲げている「一億総活躍社会」の実現のための取り組みで、長時間労働や非正規雇用労働者の賃金などの労働に関わる制度を大きく変えていくものです。人口減少、超高齢化が急速に進んでいく我が国では必要不可欠の改革とされています。

この改革に必要不可欠な技術がIoTやAIになります。労働環境の整備、長時間労働を是正、テレワークなどを実現するために、その技術が大きく期待されています。

■ 働き方改革

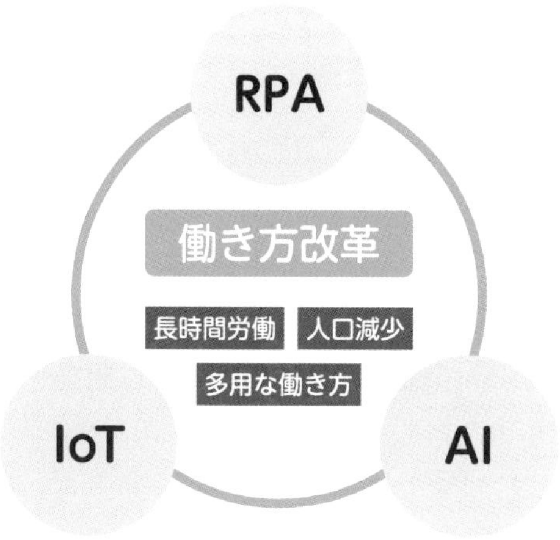

働き方改革とIoT

どのように活用されるのか

IoTやAIの技術は、働き方改革に対する活用にも大きな期待がされています。IoTやAIの事例としては、多岐にわたります。例えば、製造現場における活用としては、製品の不良判定、製造ラインの監視とアラート、そして故障予知を行うことによるライン停止の未然防止があります。コールセンターにおいては、AIで会話音声をテキスト化し分析することにより、瞬時に応答を可能とします。それぞれの職場でIoTやAIを導入することにより、生産性が向上し、より付加価値の高い仕事を行うことが可能となります。

IoTを活用した課題解決

長時間労働をなくすためには、従来の仕事のやり方を見直す必要があります。現状がどのようになっているのかを見える化し、課題を把握するためにIoTシステムが必要となります。また、これまで人が行っていた確認作業などは、IoTにより遠隔で確認できるようにすることも可能です。

多様な働き方が実現

IoTが普及することで、多様な働き方も可能となります。デバイスの普及やクラウドを活用することにより、毎日会社に出社する必要がなく、いつでも、どこでも仕事を行うことが可能となります。

また、クラウドソーシングという、インターネット上で仕事を受発注するサービスが出てきており、インターネットにつながる環境さえあれば、自分の生活に合わせた働き方が可能となりつつあります。

ホワイトカラーの業務効率化

昨今、ホワイトカラーの生産性向上が大きな流れとなっており、RPAの活用による業務の自動化が進んでいます。**RPA**とは、Robotics Process Automationの略で、パソコンで行う作業の自動化を行うソフトウェアロボットのことです。日常のルーチンワークや、サーバーに蓄積されたセンシングデータを分析・解析する場合など、繰り返し行われる業務にはその威力を発揮します。金融機関では今後数万人の業務がRPAに置き換わるとされています。

コールセンターや接客も自動化の波

コールセンターにおいては、AIの導入で過去の受付内容から的確な回答を提供することが可能となり、現在、企業での導入が進んでいます。接客でもAIが対応するように進んでいます。最近では、音声で受け答えができるシステムが出てきており、接客の現場でも、省人化が進んでいくものと考えられます。生産性向上により業務が減少することで、長時間労働は確実に改善され、ストレスも軽減されることが期待できます。

模擬問題

1-15 働き方改革の説明で正しいものを選んでください。

(ア) 人々が働かなくてもよい社会を作る活動

(イ) 長時間労働や非正規雇用労働者の賃金などの労働に関わる制度を大きく変えていくもの

(ウ) 労働者の能力向上を目指す改革

1-16 RPAとは何ですか。正しいものを選んでください。

(ア) 省電力を可能にする半導体の名称

(イ) ロボティクスを活用した作業の効率化

(ウ) パソコンで行う作業の自動化を行うソフトウェアロボット

1-17 IoT導入により、働き方にどのような影響を与えるのでしょうか。誤っているものを選んでください。

(ア) クラウドを活用することにより、毎日会社に出社する必要がなく、いつでも、どこでも仕事を行うことが可能となる

(イ) クラウドソーシングという、インターネット上で仕事を受発注するサービスが出てきており、自分の生活に合わせた働き方が可能となる

(ウ) 技術革新により人間が仕事をする必要がなくなり、仕事以外のことで時間を過ごすことになる

›› 解答はp.50

COLUMN 定例業務は、人を雇うよりRPA導入の時代が来る？

政府が働き方改革を進めていることもあってRPAの導入が進んでおり、RPAには、働き方改革だけではなく、企業自身が発展することも期待がされています。RPAの導入により日常業務は大きく変わっていくといわれています。

RPAとは、Robotics Process Automationの略で、事務作業を自動化するロボットです。エクセルのマクロをイメージされるとわかりやすいのかもしれません。RPAによる自動化を行いやすい業務の条件は主に下記の3項目があります。

・複雑でなくルール化が可能である
・繰り返しの多いルーチンワークである
・PCのみで作業を終えることができる

ホワイトカラーの多くの仕事がこの条件に合致し、RPAを導入することにより、将来、業務の約50%を担うことができるといわれています。

RPAはロボットですので、ミスをせず24時間365日稼働することが可能なため、大幅なコスト削減につながります。

エクセルのマクロはエクセル上のみですが、RPAの場合は、デスクトップ上の複数のアプリケーションを起動して業務を遂行することが可能です。

現在でもすでに大企業を中心に導入が進んでいますが、今後は中小企業も含めて導入が大きく伸びていくことが予測されています。

その製品の代表格として「UiPath」があります。

「UiPath」は世界的に導入が進んでおり、国内でも急速に普及が進んでいます。扱いやすさから各方面での評価も高く、初心者でも簡単に自動化を実施することが可能です。また、無料で試すことができるため、予算の確保なしですぐに始めることができるというメリットもあります。直観的な操作ができますので、プログラミングが不要のノンプログラミングの自動化にも対応しています。

今後は、自動化が可能な定例業務であれば、人を雇うよりもRPAを導入し、ロボットによる自動化が進んでいくでしょう。そのほうがミスもなく、コスト的にもメリットがあります。

最近、さまざまなRPA製品が出てきています。市場は今後、大きく伸びていくといわれていますので、さらに選択肢が増えていくことでしょう。導入する際にはそれぞれの特徴を確認して、一番合う製品を選択することをお勧めします。

将来的には、現在のエクセルのように誰でも使うようなツールとして、PC購入時からインストールされた状態になっていく可能性もあると考えられます。

模擬問題解答

1-1の解答　（イ）

解説 IoTとは、「Internet of Things」の略称で、さまざまなモノがインターネットにつながる仕組みのことです。IoTが普及すると、私たちの生活は劇的に変わるといわれています。

1-2の解答　（ウ）

解説 遠隔での状況確認や操作が可能となり、モノどうしのやり取りも行われることで、人の介在がなくなり、効率化が進み、働き手不足、介護など我が国が抱えるさまざまな社会問題の解決に期待されています。

1-3の解答　（ウ）

解説 企業間や業界間の壁がなくなり、自社の業界、分野だけを気にしていればよかった時代ではなくなります。
また、これまで全く関係のなかった業界の企業が新たに参入してくるなど、新規参入がしやすくなります。

1-4の解答　（ア）

解説 「Industry 4.0」は、ドイツ政府の高度技術戦略から生まれたプロジェクトであるスマート工場の実現で、新しい価値やビジネスモデルの創出を目指す取り組みのことです。

1-5の解答　（ウ）

解説 JR東日本がAI（人工知能）技術を活用した無人決済店舗では、決済は電子マネーやQRコード決済で行われます。
ローソンでも実証実験が行われていますが、こちらはQRコード決済を行っています。決済の方法・技術は各社それぞれです。

1-6の解答　（イ）

解説 スマートホームとしては、家電がインターネットでつながり、温度、照明、冷蔵庫の中身などを確認でき、その家電の操作を遠隔で行うことができることをいいます。

1-7の解答 (ア)

解説 5Gとは、現状の3Gや4Gに次ぐ通信方式です。現状と比較し、通信速度が100倍、容量が1000倍といわれています。通信の遅延が重大な問題となる場合には、5Gでその課題はクリアされます。例えば、自動運転車の制御や遠隔手術がそれにあたります。

1-8の解答 (ア)

解説 MaaSは、Mobility-as-a-Serviceの略であり、現在バラバラである車(将来は自動運転車)や公共交通などがつながることで、効率よく移動することが可能となり、移動に破壊的な変革がもたらされると考えられています。

1-9の解答 (ア)

解説 IoTの導入が進むことにより、農業も生産性が大きく向上し、人の負担が減っていくと考えられ、期待されています。

1-10の解答 (ア)

解説 家の中、車を含めた移動、職場の環境、公共施設、街の安全や安心、子育て、介護など、さまざまなものが大きな影響を受けます。家の中では、それぞれの電化製品がインターネットにつながり、スマートスピーカーが普及すれば、電化製品を音声で制御することが可能となります。外出先で家の鍵をスマートフォンで操作でき、冷蔵庫の中身を知ることもできるようになります。

1-11の解答 (イ)

解説 話しかけると、ニュース、音楽、その他自分が知りたいことを教えてくれます。つながったそれぞれの電化製品を音声で操作することが可能となり、家事労働が軽減されます。朝、病院の予約をしてくれたりもします。

1-12の解答　（ウ）

解説 クラウドファンディングとは、不特定多数からインターネット上で資金を募る仕組みです。

1-13の解答　（イ）

解説 現金をほとんど使用せず、クレジットカードや電子マネーなどを利用した電子決済のことです。

1-14の解答　（ウ）

解説 収益的に厳しいのは、これまでの環境が大きく変わろうとしているためで、デジタル化の波に乗り、ビジネスモデルを見直して優位な立場を確保できるようなアプローチを早急に実施する必要があります。

1-15の解答　（イ）

解説 働き方改革とは、政府が掲げている「一億総活躍社会」の実現のための取り組みで、長時間労働や非正規雇用労働者の賃金などの労働に関わる制度を大きく変えていくものです。

1-16の解答　（ウ）

解説 RPAとは、Robotics Process Automationの略で、パソコンで行う作業の自動化を行うソフトウェアロボットのことです。

1-17の解答　（ウ）

解説 遠い将来にはそうしたことが可能になる時代が来るかもしれませんが、現段階ではそうしたことはありません。技術革新により、遠隔で効率的に仕事を進めることが可能となりますが、人間の仕事が全くなくなることはありません。

2章

戦略とマネジメント

この章では、IoTプロジェクトに必要となる戦略とマネジメント、それに付随する知識を説明します。IoTのプロジェクトでは「アジャイル開発」のようにクイックに低リスクで進める考え方が必要となりますが、まずはそれぞれの項目について具体的な事例を挙げながらわかりやすく説明していきます。

08 企画・戦略

ここでは、戦略とマネジメントという観点を中心としたIoTプロジェクトを推進検討する流れを説明します。

IoTプロジェクトの流れ

IoTプロジェクトの流れは大きく4つの段階があります。

(第0段階) プロトタイプ検証 (Proof Of Concept)
(第1段階) センサーなどを活用してデータを収集。見える化する段階
(第2段階) 収集したデータを分析、AI活用
(第3段階) IoT機器を自動制御、複雑制御

IoTプロジェクトでは第0段階あるいは第1段階でとどまってしまうケースも実際は多いです。初めから大きな目標を設定せず、小さい成功を積み重ねつつ、仕様や設計の変更があることを前提とした開発を推進していくことがより大きな成功に近づきます。

■ IoTプロジェクトの流れ

IoTプロジェクトに関連する代表的なフレームワーク

IoTプロジェクトを企画・推進するためには、戦略やマーケティングに関する知識が必要です。

まず、マイケル・ポーター氏によって開発されたフレームワークツール「**ファイブフォース分析**」を説明します。フレームワークとは、問題を解決するための決まりきった手順のことです。

ファイブフォース分析は、所属する業界の競争要因を以下の5つに分類・分析することで、業界の収益性や魅力、特徴を知ることが可能です。それにより、経営者が効果的な経営・マーケティング戦略を打ち出す際に、自社にとっての機会や脅威を明確にできます。

・新規参入企業の脅威
・売り手の交渉力
・買い手の交渉力
・代替品の脅威
・既存企業どうしの競争

■ ファイブフォース分析

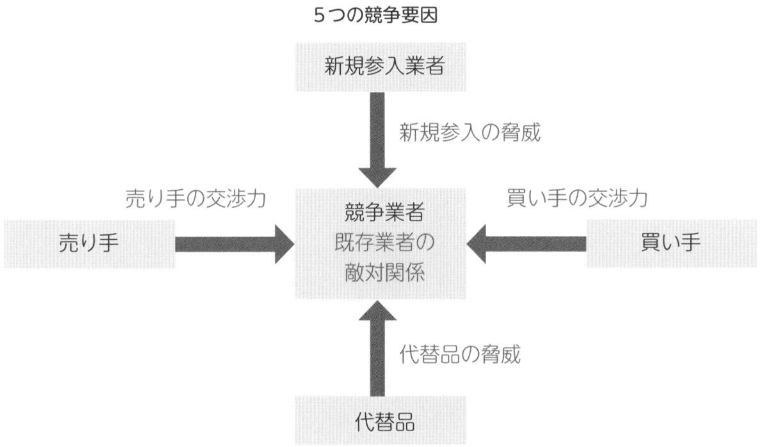

IoTのためのバリューチェーン

「**バリューチェーン**」とは、事業活動を機能ごとに分類し、どの部分（機能）で付加価値が生み出されているか、競合と比較してどの部分に強み・弱みがあるかを分析し、事業戦略の有効性や改善の方向を探る手法のことです。1つの製品が顧客のもとに届くまでには、さまざまな業務活動が関係します。

IoT製品やサービスを作っていくうえで、バリューチェーンに基づいた企業内部の組織活動が必要となります。

・主活動

『購買物流』、『製造』、『出荷物流』、『マーケティング・販売』、『サービス』

・支援活動

『全体管理（インフラストラクチャー）』、『人事・労務管理』、『技術開発』、『調達活動』

■ バリューチェーン

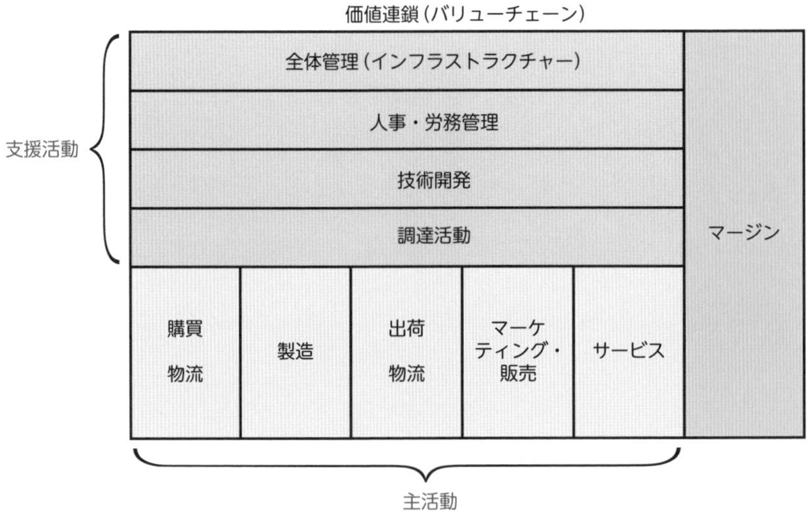

IoTとフレームワークの関わり

例えば、ファイブフォース分析の新規参入業者の脅威は、シェアリングエコノミーに代表される「製品のサービス化」などIoTを活用したサービスに関わってきます。また、バリューチェーンのマーケティング・販売はIoTで製品データを蓄積し、分析結果に基づいた顧客満足分析など密接につながってきます。

このようにIoTをはじめとする技術革新の時代にもこれらフレームワークはIoTシステム企画・推進するうえで非常に重要となっています。

模擬問題

2-1 次の文で（　A　）に当てはまる言葉を選んでください。

マイケル・ポーター氏が提唱する「ファイブフォース分析」で挙げている企業の競争相手は「新規参入企業の脅威」「売り手の交渉力」「買い手の交渉力」「既存企業どうしの競争」「（　A　）」である。

（ア）ベンチャー企業の脅威
（イ）代替品の脅威
（ウ）金融機関
（エ）新規技術

2-2 次の文は、IoTプロジェクトについて記載したものです。（　B　）に当てはまる言葉を選んでください。

（第0段階）（　B　）
（第1段階）センサーなどを活用してデータを収集。見える化する段階
（第2段階）収集したデータを分析、AI活用
（第3段階）IoT機器を自動制御、複雑制御

（ア）動作検証
（イ）試行
（ウ）プロトタイプ検証
（エ）実験

▶▶解答はp.84

09 プロダクトイノベーション

ここでは、製品開発において特に重要なプロダクトイノベーションに関して説明します。また、イノベーションに関する問題と解決に向けた取り組みに関して説明します。

イノベーションとは

イノベーション（革新）とは、新たなものを創造し、社会に価値を生み出すことです。経済学者のヨーゼフ・シュンペーターはイノベーションには5つの理論があると定義しています。

・新しい財貨の生産（プロダクトイノベーション）
・新しい生産方式の導入（プロセスイノベーション）
・新しい販売先の開拓（マーケットイノベーション）
・新しい供給源の獲得（サプライチェーンイノベーション）
・新しい組織の実現（オーガニゼーションイノベーション）

ここでは、上記のうち、プロダクトイノベーションについて解説します。

プロダクトイノベーションとは

新たなものを発明したり開発したりすることを**プロダクトイノベーション**といいます。

プロダクト（製品）はS字カーブに沿って成長しますが、プロダクトイノベーションが起こると一気に成長が加速されます。スマートフォンはプロダクトイノベーションの一例です。

■ プロダクトイノベーション

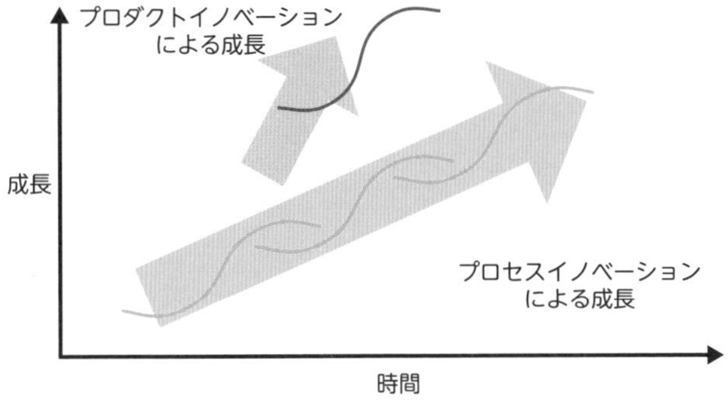

プロダクトイノベーションの具体例

近年の例としては、コンピューターやサーバーの記憶装置がHDDからSSDに置き換わっていることがあります。HDDに比べ容量あたりの単価は高いものの

- 軽量、小型化
- 消費電力小、発熱量小
- 耐衝撃
- 高速アクセス

といった特性のため、パソコンのストレージ市場が一気にSSDに置き換えられました。

模擬問題

2-3　次の文でプロダクトイノベーションに該当するものを選んでください。

(ア) メモリの大容量化による性能向上

(イ) PC・サーバーへのSSD搭載

(ウ) 市場不良率低減による低価格化

(エ) 半導体の微細化による性能向上

▶▶ 解答 はp.84

10 Connected Industries

日本政府主導で提唱されたConnected Industriesに関して、その目的とSociety 5.0を実現するうえで重要な基盤としての取り組みに関して説明します。

Connected Industriesとは

2017年3月に開催された情報通信見本市にて、日本政府は目指す産業の在り方として「**Connected Industries（コネクティドインダストリー）**」を進めていくと宣言しました。

Industry 4.0（インダストリー4.0）にて、ビッグデータ、AIを使う基礎技術の整備が進んでおり、これからは、その技術をいろんな分野に応用して、「もの×もの」「企業×企業」「人間×人間」「生産×消費」などさまざまなつながりを通じた社会の発展、いわゆる「**Society 5.0**（超スマート社会）」を目指していきます。

■Connected Industriesの考え方

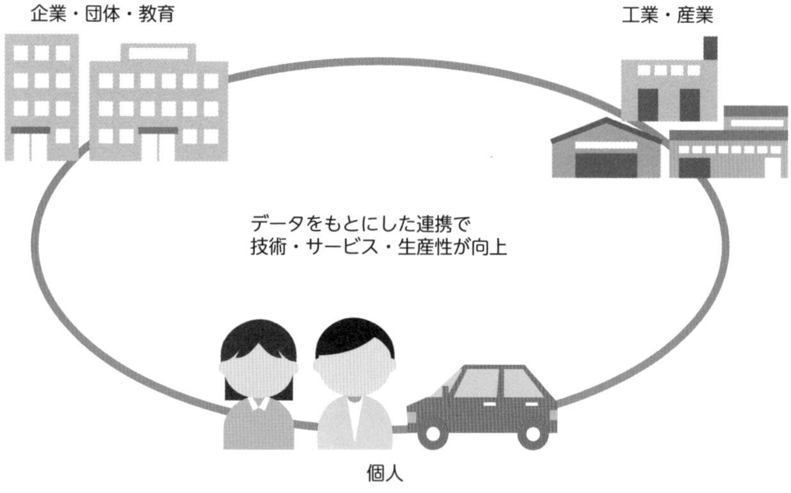

Connected Industriesのコンセプト

Industry 4.0のコンセプトのもと、個々の企業、団体ではあらゆる「もの」のデータ化、データをもとにしたAI技術の実用化が模索されています。しかしながらそれらの活動は、個々の企業、団体に固有な課題を解決するにとどまっています。

Connected Industriesが目指すところは、これら個々の企業、団体が所有しているビッグデータをつなげ、有効活用することで、「技術革新」「生産性向上」「技能伝承」などを通じた社会全体の課題解決につなげることです。その結果、日本国内にとどまらず、国際的な産業競争力の強化にもつながり、国民生活の向上、国民経済の健全な発展につながることでしょう。

■「Connected Industries」の横断的な政策

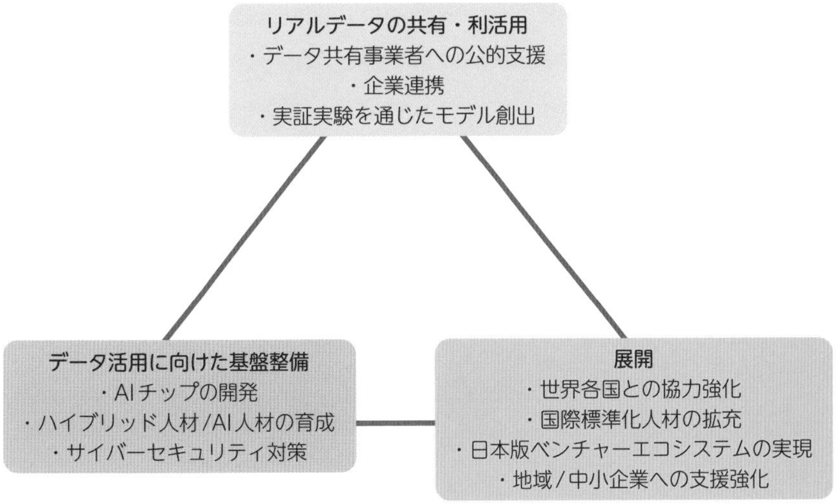

Connected Industriesの重点取り組み分野

市場成長性と、国産業の強み、社会的意義の大きさ等から以下5つの分野に政策資源の集中投入を図っています。

・自動走行・モビリティサービス
・ものづくり・ロボティクス
・バイオ・素材
・プラント・インフラ保安
・スマートライフ

各分野は企業・団体が推進主体となり、各分野の掲げるビジョンを目指して活動を行っています。

■「Connected Industries」の取り組みの方向性

重点取り組み分野	ビジョン
自動走行 ・モビリティサービス	・交通事故の削減 ・交通渋滞の緩和 ・環境負荷の低減 ・物流も含む移動サービスの拡大
ものづくり ・ロボティクス	・生産の全体最適 ・止まらない工場 ・事故や環境負荷の低減
バイオ・素材	・材料や医療/創薬の革新 ・エネルギー資源対策 ・社会変革を実現する革新的素材創出
プラント・インフラ保安	・プラントにおける安全性/生産性の向上 ・自主保安力の向上と「稼ぐ力」の創出 ・センサー/ドローン等の活用
スマートライフ	・少子高齢化/人出不足等の社会的課題解決

IoT技術者の役割

自動走行・ロボティクス・バイオ・プラントの4分野は企業間連携を中心として活動推進しています。

スマートライフ分科会は、IoT推進コンソーシアムの下に設置された「IoT推進ラボ」を中心に活動を推進しています。これはスマートライフが我々の身近な生活上の多岐にわたる課題解決をビジョンとしているためです。とくに重要とされているものとして、

・データ活用
・デジタル/IT化
・セキュリティ対策
・制度上の課題対策

があり、これらのプラットフォーム、ルール化に取り組んでいます。

個人・企業内のIoT技術者として、積極的に身近な生活の課題解決を提案していく役割が求められています。

模擬問題

2-4 下記の分野で「Connected Industries」の重点取り組み分野に含まれているものはどれか。すべて選んでください。

(ア) 自動走行・モビリティサービス
(イ) スマートホーム
(ウ) エネルギーハーベスティング
(エ) スマートライフ

▶▶ 解答 はp.84

11 プロセスイノベーション

モノづくりには、プロダクトイノベーションとプロセスイノベーションが欠かせません。IoTの展開やAI技術の発展で、プロセスイノベーションが急激に発展しています。

プロセスイノベーションとは

製造、サービスにおいて、現在のやり方・方法を変更し価値を生み出すことを**プロセスイノベーション**といいます。製造業を例にすると、生産・製造方法（プロセス）を改良し、品質向上、性能向上、コスト削減、生産スピードを向上すること等です。プロダクトイノベーションと違い新たな市場を生み出しませんが、競合企業に対して優位性を保つためには、継続して実施し続ける必要があります。

製造業ではIndustry 4.0の展開が進められており、製造工程（プロセス）のあらゆるところにIoT技術が採用されています。IoT技術を導入した製造工場のことを、一般的にスマート工場と定義しています。IoT技術を使って得られたデータをAI技術で解析することで、生産性の向上が期待できます。

スマート工場の実例

製造業では、多くの製造装置を使用します。製造装置の動作（電流、音、温度、振動、時間）をモニターし、データを収集します。

データをAI解析することで、製品の品質（歩留まり、ばらつき）が、どの装置のどの動作に依存するか特定することができます。その結果、品質に依存する部分の管理を強化することで、品質を高めることができます。

装置自身に関しても、データをAI解析することで部品の寿命予測やメンテナンス時期の計画などができます。装置トラブルが発生する前に対応することで、生産ラインの稼働率を高め、生産スループットを高めることができ、製品のコスト低減につながります。

また、製品を量産するまでには多くの試作品を作成し評価する必要があります。試作段階では、量産の製造プロセスを決定するために材料、装置など多くのパラメータの組み合わせを評価する必要があります。従来は、実験計画法などを用いて人手で評価すべき組み合わせを作成していましたが、過去試作品の試作条件と評価結果データをAI技術で解析することで、従来より少ない組み合わせ数を評価すればよくなり、試作コスト（開発コスト）を減らすことにも活用できます。

■AIを活用したプロセスイノベーション

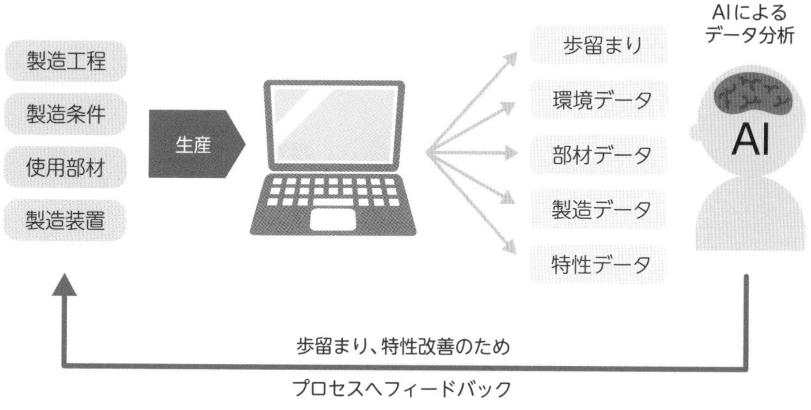

模擬問題

2-5 次の文でプロセスイノベーションに該当するものを選んでください。

（ア）製品の海外販売開始

（イ）CPUアーキテクチャ変更による性能向上

（ウ）分社化による組織運営改善

（エ）新装置導入による生産スループット向上

▶▶ 解答 はp.84

12 Society 5.0

情報化社会の課題解決を目指した新しい社会「Society 5.0」に関して具体的な方向性ならびにConnected Industriesの役割に関して紹介します。

Society 5.0とは

2018年、内閣府が第5期科学技術基本計画において、日本が目指すべき未来社会の姿として「**Society 5.0（ソサエティー5.0）**」が提唱されました。「狩猟社会（Society 1.0）」「農耕社会（Society 2.0）」「工業社会（Society 3.0）」「情報社会（Society 4.0）」に続く、人類史上5番目の新しい社会として我が国が目指す未来社会として位置づけられています。

■ Society 5.0

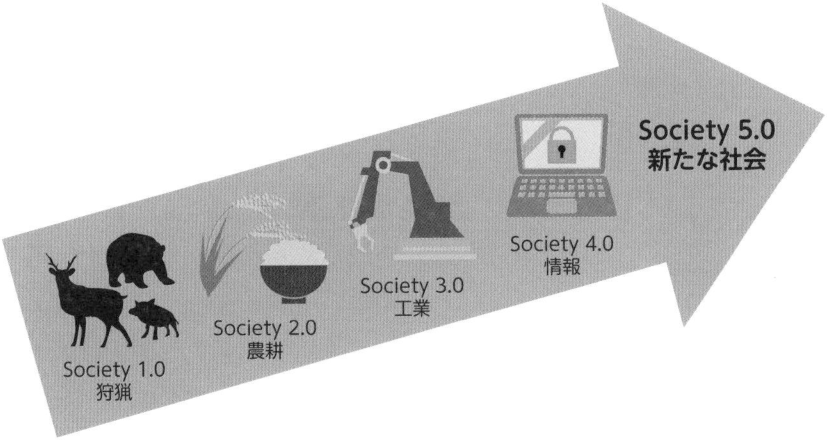

Society 5.0が目指す社会

これまでの情報社会（Society 4.0）では知識や情報が共有されず、分野横断的な連携が不十分であるという問題がありました。そのため経済や組織といったシステムが優先され、個々の能力などに応じて個人が受けるモノやサービスに格差が生じている面があります。

Society 5.0が目指す社会は、IoT（Internet of Things）ですべての人とモノがつながり、さまざまな知識や情報が共有され、今までにない新たな価値を生み出すことで、現在社会の課題や困難を克服します。Society 5.0の実現で、AIやロボットが今まで人間が行っていた作業や調整を代行・支援し、誰もが快適で活力に満ちた質の高い社会生活が期待されています。

■ Society 5.0で実現する社会

これまでの社会		Society 5.0になると
知識・情報の共有・連携が不十分	➡	IoTですべての人とモノがつながり、新たな価値が生まれる社会
地域の課題や高齢者のニーズなどに十分対応できない	➡	イノベーションにより、さまざまなニーズに対応できる社会
必要な情報の探索・分析が負担 リテラシー（活用能力）が必要	➡	AIにより必要な情報が必要なときに提供される社会
年齢や障害などによる労働や行動範囲の制約	➡	ロボットや自動走行車などの技術で、人の可能性が広がる社会

Society 5.0の仕組み

Society 5.0は、**サイバー空間（仮想空間）とフィジカル空間（現実空間）**を高度に融合させたシステムにより実現されます。そのシステムでは、サイバー空間上のビッグデータを人に代わってAIが解析し、人間社会に解析結果をフィードバックし、これまでにはできなかった新たな価値が産業や社会にもたらされます。

この新たな価値によって、社会の多様なニーズ、潜在的なニーズに対して、きめ細かな対応が可能となります。モノやサービスを、必要な人に、必要なときに、必要なだけ提供できるようになり、社会システム全体が最適化され、経済発展と社会的課題の解決を両立できるようになります。

■ Society 5.0の仕組み

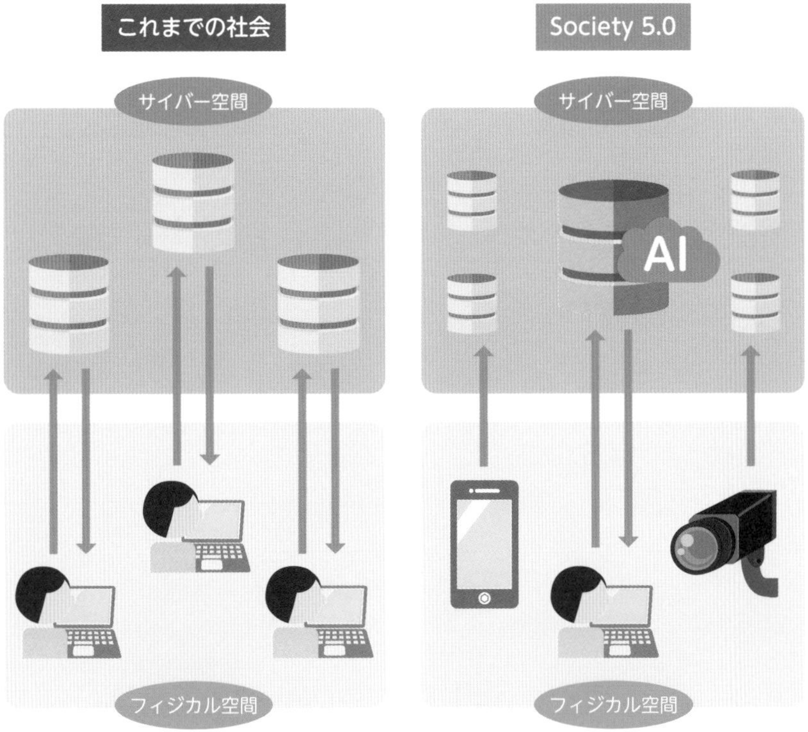

Society 5.0実現の取り組み

Society 5.0は、内閣府が主導している総合科学技術・イノベーション会議（CSTI）を中心に実現に向けた活動を進めています。

Society 5.0が目指すサイバー空間とフィジカル空間の融合には「人工知能」と「データ連携基盤」の両輪で取り組んでいくことが重要です。

Society 5.0推進のモデルケースとされているSIP（戦略的イノベーション創造プログラム）と人工知能戦略会議と連携を強化し、

・分野ごとのデータ基盤の整備
・分野間データの連携
・連携したビッグデータの解析（人工知能戦略）

を取りまとめ、Society 5.0の実現を加速しています。

模擬問題

2-6 次の文中の（　A　）と（　B　）に当てはまる言葉を選んでください。
Society 5.0は（　A　）とフィジカル空間を高度に融合させたシステムにより実現されます。（　A　）に存在するビッグデータを（　B　）が解析することで、新たな価値が生み出されます。

（ア）量子コンピューター
（イ）サイバー空間
（ウ）AI（人工知能）
（エ）バーチャル空間
（オ）人間

▶▶ **解答** はp.85

13 プロジェクトマネジメント

IoT製品の開発ではプロジェクトマネジメントを行い開発を進めていきます。ここでは、知識体系化されているPMBOKを中心に説明します。

プロジェクトマネジメントとは

プロジェクトマネジメントとは、具体的な目標や完了が定義された計画（プロジェクト）を遂行するため、人材・資金・設備・物資・スケジュールなどを調整し、各工程の進捗状況の把握や管理を行うことです。

方法論として体系化されており、その1つとしてアメリカの非営利団体PMI（Project Management Institute）が発行する「**PMBOK**」（Project Management Body Of Knowledge）と呼ばれる知識体系が世界中に普及しています。QCD（Quality、Cost、Delivery）を目標に達成するための方法論が述べられています。

■ PMBOK

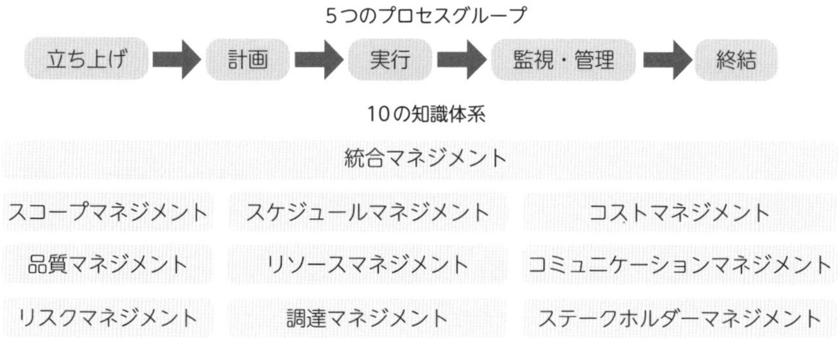

プロジェクトマネジメントの作業工程を定義した「5つのプロセスグループ」と、マネジメントする際の手段・方法を説明した「10の知識体系」に関して説明されています。

PMBOKが定義する5つのプロセス群

立ち上げプロセス（Initiating）

プロジェクトやフェーズを承認する手続きを踏み、プロジェクトを新規に立ち上げたり、既存プロジェクトを新しいフェーズに移行したりしていくプロセスと定義されます。

プロジェクトの立ち上げを公式に承認する文書が「プロジェクト憲章」と呼ばれています。

計画プロセス（Planning）

プロジェクトスコープとは、プロジェクトで「何をどこまでやるか」を定義したものです。計画プロセスは、そのプロジェクトスコープの設定、目標の洗練、目的、プロジェクトが取り組むべき目標の達成に必要な一連の行動を規定するために必要なプロセスと定義されています。

プロジェクトマネジメント計画書に沿って、要員と資源を調整しプロジェクトを実行していきます。

実行プロセス（Executing）

プロジェクトの要求事項を満たすために、プロジェクトマネジメント計画書に定義された作業を達成するために実施するプロセスと定義されています。

監視・管理プロセス（Monitoring and Controlling）

プロジェクトの進捗や成果をモニター・レビュー・統制するプロセスと定義されています。状況によっては、計画の変更が必要な部分（分野・領域）を特定し、計画の変更を開始していくことも必要となります。

終結プロセス（Closing）

プロジェクト、フェーズを公式に完了するために実施するプロセスと定義されています。

プロジェクトの経験を次のプロジェクトのために形式知として残すことも重要視されています。

PMBOKが掲げる10の知識体系

1. 統合マネジメント (Project Integration Management)

下記に示す2～10の知識体系を連携させ、プロジェクトがゴールに進むよう管理していきます。

2. スコープマネジメント (Project Scope Management)

プロジェクトのスコープを決めることです。何を実施して、何を実施しないかを明確に決めることでプロジェクトをゴールに到達できるようにします。

3. スケジュールマネジメント (Project Schedule Management)

スケジュール管理です。サブプロジェクト単位や、WBS (Work Breakdown Structure) 単位に細かく区切って全体を管理していきます。

4. コストマネジメント (Project Cost Management)

決められた予算 (コスト) 内でプロジェクトが進むように管理していきます。

5. 品質マネジメント (Project Quality Management)

プロジェクトが達成すべき要求事項を満足できるように、活動を進めていきます。

6. リソースマネジメント (Project Resource Management)

プロジェクト活動に必要な資源を管理していきます。

7. コミュニケーションマネジメント (Project Communications Management)

プロジェクト情報を適切に共有し、各々の活動が適切に活動できるように働きかけます。

8. リスクマネジメント (Project Risk Management)

プロジェクトを進めるうえで発生するリスクに対して、マネジメント計画、特定、分析、対応計画、対応実施を行っていきます。

9. 調達マネジメント (Project Procurement Management)

商品、サービス、外部の資源・成果などを購入・取得することです。

10. ステークホルダーマネジメント (Project Stakeholder Management)

ステークホルダーに対して、プロジェクト活動の状況を報告したり、ステークホルダーからの期待・要求をプロジェクトにフィードバックしたりします。

プロジェクトマネジメントの心得

プロジェクトを進めていくうえで、問題（インシデント）が発生しないケースはほとんどありません。プロジェクトマネジメントは日々発生する問題や、状況の変化に対して、何を優先して対応すべきかを即時に判断しなければなりません。そのためには日々のマネジメント活動で、プロジェクトの最新状況を把握しておき、プロジェクトをゴールに導くため適切な決断が必要です。

模擬問題

2-7 次の事例に該当する、PMBOKの知識体系を選んでください。
（事例）A国に対する追加関税政策が発動した場合に備えて、A国からの部品の調達を、B国からの部品に切り替えられるよう計画を策定した。

（ア）スケジュールマネジメント
（イ）コストマネジメント
（ウ）リソースマネジメント
（エ）品質マネジメント
（オ）リスクマネジメント

▶▶ 解答 はp.85

14 プロジェクトと開発手法

IoT製品の開発ではいくつかの典型的な開発手法をもとに開発が進んでいきます。ここでは代表的な開発手法に関して説明します。

開発手法とは

開発手法とは、開発工程を構造化し、計画・管理していくためのフレームワークのことです。システムや製品を開発するには、いくつかの開発手法が存在しています。それぞれに長所と短所が存在するため、プロジェクトに応じて最適な開発手法を用いることが重要です。ここではIoT製品の開発に使用される代表的な開発手法に関して説明します。

■ 開発手法

開発手法	メリット	デメリット
ウォーターフォール	進捗管理が容易。 手戻りは最小限	開発途中の変更は困難。 テストするまで機能の妥当性は確認できない
プロトタイプ	機能の変更追加が容易。 ユーザーが全体像を把握容易。 大きな手戻りはない	全体が把握しにくい。 開発コスト、期間が増加傾向
アジャイル	ユーザーの要求反映が容易。 ミスの発見容易。ミスの修正容易	全体が把握しにくい。 （システム仕様がはっきりしないため）方向性がぶれる
スパイラル	スケジュール、仕様変更が容易。 不具合を早期発見できる	全体が把握しにくい。 変更点が多くなる傾向。 最終仕様決定が遅くなる
スクラム	要求・機能を全員で共有するため手戻りリスクが少ない。段階ごとにリリースが可能	メンバー全員がスクラム開発を習得する必要がある。開発期間長期化傾向

ウォーターフォール開発

ウォーターフォールは、開発の上流工程から下流工程に順次実行していく手法です。原則として、前工程が完了してから次工程に進むためプロジェクトの進捗が管理しやすいことがメリットです。

しかし、前工程に問題が残っていたり、要求/仕様変更が発生したりした場合は上流工程から再度工程をたどる必要があります。そのため下流工程での変更対応が困難というデメリットが存在しています。また仕様（要件定義）が確定するまで設計が進められないため、開発期間は延びる傾向を持っています。

■ ウォーターフォール

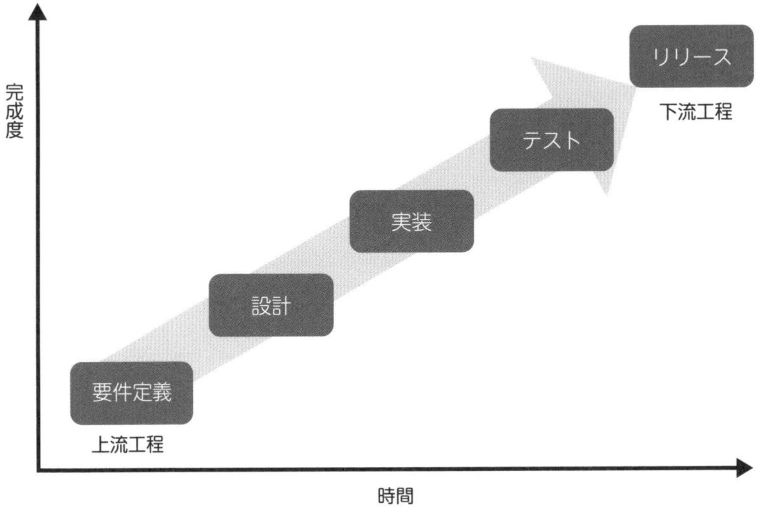

プロトタイプ開発

プロトタイプは、試作と評価を何度も繰り返しながら進めていく手法です。IoT製品では最も多く利用される手法といえます。検討途中の仕様に対しても、実際の試作品を用いて評価を行うことができますので、仕様の妥当性を早い段階で検証することができ、よりよいアプリケーション作りに効果的です。

FPGAやマイコン評価キットを使用することでハードウェアの仕様に関しても検討を進めることができます。

その一方で何度も試作・評価を繰り返すため開発期間と開発コストが上昇するというデメリットがあります。

■プロトタイプ開発

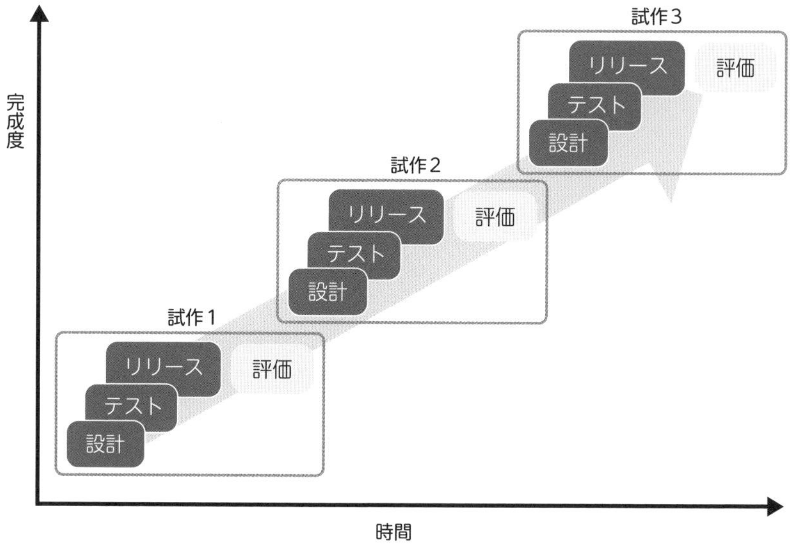

アジャイル開発

主にソフトウェア開発で用いられる手法です。**アジャイル開発手法**では、開発対象となるシステムを機能ごとの小さな単位に分割し、分割した単位で「要件定義」「設計」「実装」「テスト」といった工程を、反復的に行い、小さな機能を1つずつ開発していくことで、システム全体を完成させます。

この手法では、反復（イテレーション）が完了するごとに追加した機能を実装したソフトウェアをリリースします。

この手法は、仕様・要求変更に速やかに適応することに主眼をおいており、ユーザーからの修正要求や、技術的な革新に対応が容易であるというメリットを持っています。その半面、小さな反復を繰り返すという性質上、大規模なシステム開発には向かず、工程の進捗管理も困難である、というデメリットがあります。

■ アジャイル開発

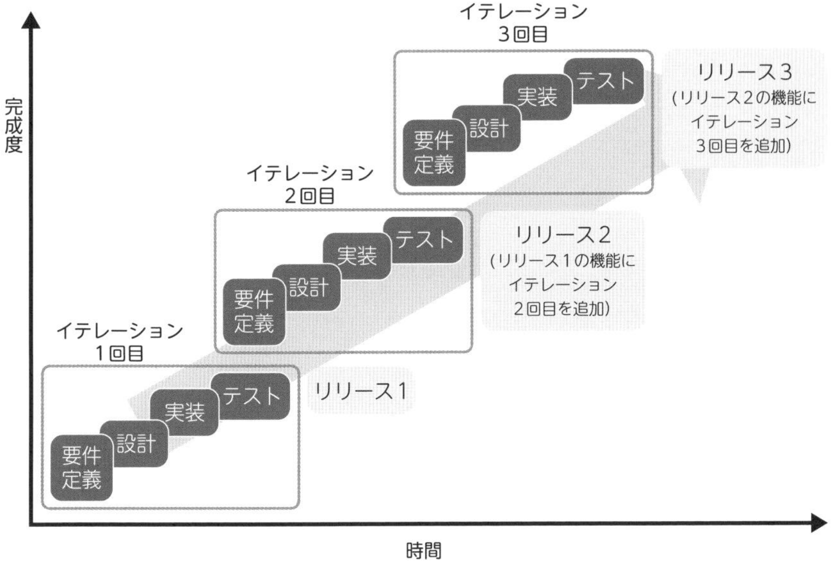

模擬問題

2-8 次の特徴を有する開発手法を選んでください。

(プロジェクトの特徴) 何度も試作、評価を繰り返し、実製品に近い環境で製品の機能・性能を評価できる。しかし、開発コスト・開発期間が増える傾向となる。

(ア) スパイラル開発手法

(イ) ウォーターフォール開発手法

(ウ) プロトタイプ開発手法

(エ) アジャイル開発手法

(オ) スクラム開発手法

▶▶ 解答 はp.85

15 人材育成と企業間連携

IoT製品開発には幅広いスキルと多くの企業の連携が必要となっています。ここではスキル標準と企業間連携に関して説明します。

スキル標準

日本国内において、IPA（情報処理開発推進機構）がITSSやETSS、UISSといった各分野におけるスキル標準を定めています。2018年には近年の技術動向に鑑みてITSS+というスキル標準も策定されました。企業によっては、これらのスキル標準を参考に業務を実施しています。例えば、各役職における業務内容を定めたり、技術者のキャリアパスを決めたりするといった業務です。

ITSS（ITスキル標準）

IT関連の職種/専門分野とレベルごとに、どのようなスキルが求められているかを定めています。

ITSS＋（ITスキル標準）

第4次産業革命に向けて求められる新たな領域の「学び直し」の指針として策定されています。ITSSに対して、より専門領域に特化した「セキュリティ領域」「データサイエンス領域」「アジャイル領域」「IoTソリューション領域」に関するスキル標準が策定されています。IoTソリューション領域では「タスク」に対してどのような役割（スキル）が必要なのかを定義しています。

ETSS（組み込みスキル標準）

組み込みソフトウェア開発に関する職種/専門分野とレベルごとに、どのようなスキルが求められるかを定めています。

UISS（情報システムユーザースキル標準）

情報システムユーザー企業における情報システム利用に関する人材像とレベルごとに、どのようなスキルが求められるかを定めています。

■ ITSS+で定義されるタスクとロールの関係一覧

タスク分類		ロール（役割）○は主体となって実装するタスク								
大分類	中分類	ビジネスストラテジスト	アーキテクト	データサイエンティスト	セキュリティエンジニア	プロジェクトマネージャ	ネットワークスペシャリスト	アプリケーションエンジニア	エッジ/組み込みエンジニア	サービス運用マネージャ
IoTサービス戦略・企画	事業戦略策定支援	○								
	IT戦略策定・実行推進	○	○							
	個別案件のシステム企画立案	○	○							
	IT戦略評価・改善	○								
	企画提案/改善提案	○								
IoTシステムデザイン	システム化方針		○							
	データ要件定義			○						
	セキュリティ要件定義				○					
IoT開発マネジメント	プロジェクトマネジメント					○				
	セキュリティマネジメント				○					
デバイス開発	組み込みシステム開発								○	
ネットワーク構成設計&実装	ネットワーク実装						○			
	ネットワーク評価						○			
	ネットワーク運用						○			
	ネットワーク構成						○			
エッジコンピューティング	システム化方針								○	
	エッジシステム開発								○	
IoTシステム開発	アプリケーション開発							○		
IoT全体システムテスト/移行導入	全体システムテスト/移行導入							○		
データ収集・分析	データ要件定義加工処理			○						
	データ分析			○						
運用・保守	サービスマネジメント									○
	サービスデスク									○
	システム運用管理				○					○
	システム評価・改善		○	○				○		○
推進・支援	RFP作成とITベンダー選定	○	○							
	調達・委託									
	新ビジネス・新技術の調査・分析と技術支援		○	○	○				○	
管理・統制	データ利活用に関する調整			○						
	情報セキュリティマネジメント				○					
	人的資源管理	○								

個々の作業行為ではないが、共通的に意識し行われるべきタスク

共通	IoT開発推進	○	○	○	○	○	○	○	○	○

参照：IPA IoTソリューション領域へのスキル変革の指針
https://www.ipa.go.jp/files/000065568.pdf

企業間連携（垂直統合、水平分業、垂直分業、新連携）

IoTを実現するには、幅広い分野の知識や活動が必要です。1社だけでプロジェクトを実施するのは困難な場合が多くあります。そのためにさまざまな企業が集まり、目標に向かって一緒に開発するなど企業間連携が積極的に行われています。企業間連携にはさまざまな形があり、関係性や役割分担に応じて、垂直統合と水平分業、垂直分業に分けられます。

垂直統合

ある企業が、サプライチェーンに沿って必要に応じて得意な企業と連携を行うことです。これを推進することで調達から販売、サービスまでの上流から下流までを統率します。緊密に連携することが期待でき、競争力を高める狙いがあります。資金力のある企業がM＆A（企業の合併や買収）などにより経営資源を補う場合もあります。

水平分業

さまざまな企業が集まり、対等の立場で分業して、目的を達成しようとすることです。それぞれが得意な分野のみを担当することで、無駄を省くことを期待できます。参加する企業全体で協調することが求められます。

垂直分業

サプライチェーンの上流と下流で分業することをいいます。例えば、新興国の企業で資源の調達や製造を行い、先進国の企業で加工・販売・サービスを行うスタイルがあります。それぞれの役割分担が明確になっており、かつ長期に協業できる環境が必要になります。

新連携

経済産業省では、異分野の事業者が有機的に連携して、その経営資源を有効に組み合わせて、新事業活動を行うことを「新連携」と定義しています。新事業活動では、需要が見込め、新たな市場を切り開いていき、事業活動として継続して成立することが求められます。要件を満たす新連携では、国からの補助金、資金調達などの支援を受けられるようになります。Society 5.0に向けて、事業活動を広げていくためには有効な取り組みといえるでしょう。

■ 企業間連携

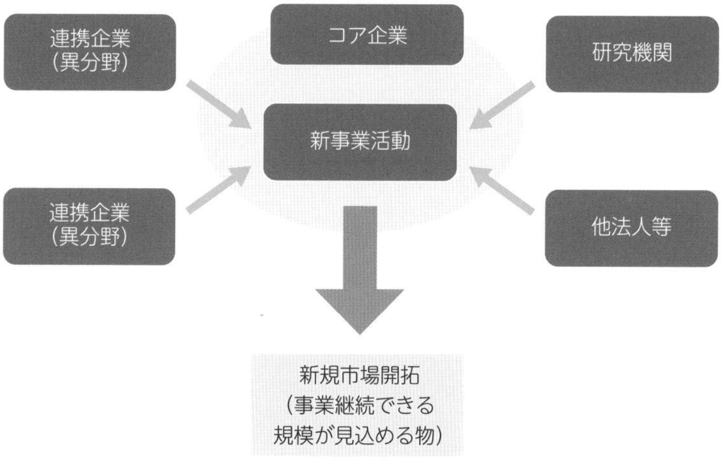

模擬問題

2-9 企業間連携に関して、次の説明に該当する形態を選んでください。
今までスマートフォンの製造を電子製品受託生産（EMS）で行い販売していた会社が製造会社を買収し自社で製造し販売することにした。

（ア）クラウドソーシング
（イ）垂直統合
（ウ）水平統合
（エ）新連携
（オ）クラウドファンディング

▶▶ 解答 はpp.85-86

16 スキル管理

ここでは、戦略とマネジメントという観点を中心とした人材育成の延長線上にあるスキル管理についてご紹介します。

スキル管理とは

スキル管理とは、従業員が持っているスキルを可視化して、社内で共有の情報として確認できる状態にすることです。人材リソースを最大限活用するために導入する企業も多く、その有効性は広く実証されています。スキル管理を行うと、それぞれの人員のスキルを把握・確認しやすくなります。そのためスキル管理は、以下のような人事全般で幅広く活用が可能となります。

・人事評価
・業務のアサインメント
・部署の人材配置

スキルとは

スキルという言葉は、訓練によって得られる技能や学習などを通じて身に付けた能力などを意味します。スキルという言葉を使った際は、以下のような物事を行う際に活用する幅広い能力となります。

・保有資格
・技術力
・知識
・経験値

ビジネススキルとは

一般的なスキルではなく、ビジネススキルに限定した場合、知識や経験、技術だけでなく、部下の管理能力や相手との交渉能力、モチベーションを高く維持する意志などの心理面でのマインドや保有資格もビジネススキルと一般的には解釈されています。

なぜスキル管理が必要なのか

スキルを管理することで、誰がどのようなスキルを保有しているかを可視化でき、その人に何ができるかが明確化されます。また、従業員の不足部分も可視化されます。これにより、今後どのような目標を掲げていけばよいかといった課題の抽出も可能となります。

スキル管理はタレントマネジメントの一環

タレントマネジメントとは自社の抱える優秀な人材を可能な限り増やし、その人材が持っているスキルや能力を最大限発揮してパフォーマンスを生み出してもらうための取り組みのことです。以下の要素がマッチングすることで個人の能力が最大限活用されるとともに、組織の成果も最大化できます。

・スキル管理によって精査された個人のスキル
・タレントマネジメントによって創造された能力を発揮できるポジション

■ タレントマネジメントの重要性

価値観の多様化	社会的意義、家庭やプライベートを重視
労働市場の変化	労働者の流動化、終身雇用の難化
経営戦略の変化	ビジネス社会の急速な変化、多様な人材活用の必要性

従業員のスキル管理を管理する

従業員のスキルを管理する重要性は5つあります。

①組織全体のスキル数、強み弱みを把握する

→足りないスキルの補強、生かせるスキルの活用を考える判断材料となります。

②社内でスキルを持った人材を探しやすくする

→スキル管理によりスキル別の人材抽出が可能です。

③異動の際に人材のスキル情報を引き継ぎやすくする

→人事異動の際に異動元と異動先の部署でスキル情報を引き継ぎやすいです。

④事業を継続するためにスキルを維持・管理する

→事業継続が困難にならないようにスキルを一括管理して何らかの手段を講じることが可能です。

⑤次世代へのスキル継承を行う

→退職などで喪失する可能性があるスキルを事前にキャッチアップします。

スキルマップ

スキルマップとは、業務遂行の際に必要とされるスキルを一覧にしたもので、個別の従業員がどんなスキルを持っているかを確認し記録することで、スキルを可視化できるものです。IoTプロジェクト（新規事業）のスタート時や進行中で困難に直面した際に誰にアドバイスを求めればよいかの目安となります。

企業によっては、力量表、力量管理表、技能マップと呼ぶこともあります。また海外では、Skills Matrixという呼び方が一般的です。

国際標準化機構が定めた品質マネジメントシステムの国際規格であるISO9001では、認証を得るための要求事項の1つとして、「製品品質に影響がある仕事に従事する人の力量を把握し、必要な教育・訓練を実施すること」を求めています。この力量の把握に、スキルマップ（力量表）が幅広く利用されています。

スキル管理の管理すべき主なポイント

①業務上必要なスキル

→通常業務を遂行するうえで必要と考えられるスキルを可視化することにより、現在保有している人材の能力を適正に管理できます。

②有資格者

→資格の取得年月日、有効期限、免許証や証明書などもデータ管理することが望ましいです。

③業務経験、キャリア

→これまでのプロジェクトの業務経歴、取り扱ったツールなどを整理します。

④人材教育状況

→集合教育やOJT教育などの受講履歴を管理します。

模擬問題

2-10 次の文で（　A　）に当てはまる言葉を選んでください。

スキル管理とは持っているスキルを可視化して、社内での共有情報として確認できる状態にすることで、具体的には「人事評価」「部署の人材配置」「（　A　）」で活用されています。

（ア）業務のアサインメント

（イ）プロジェクト管理

（ウ）システム構築

（エ）新規事業

▶▶解答はp.86

模擬問題解答

2-1の解答　（イ）

解説　ファイブフォース分析では、「新規参入企業の脅威」「売り手の交渉力」「買い手の交渉力」「既存企業どうしの競争」「代替品の脅威」の5つを競争要因として挙げています。

2-2の解答　（ウ）

解説　第0段階はプロトタイプ検証（Proof Of Concept 略称PoC）となります。

2-3の解答　（イ）

解説　SSD（Solid State Drive）は低消費電力・高速アクセスだが小容量という特性を持っていたため、小型・モバイルデバイスのみに採用されていました。しかし近年のメモリ構造変化により、容量が飛躍的に向上しました。そのためモバイルデバイスだけではなくPC、サーバー領域でもHDDからSSDへの転換が起きています。（ア）は従来技術の正常な進化の範囲です。（ウ）、（エ）も製造のプロセスを改善する、いわゆるプロセスイノベーションに該当します。

2-4の解答　（ア）、（エ）

解説　「自動走行・モビリティサービス」「ものづくり・ロボティクス」「バイオ・素材」「プラント・インフラ保安」「スマートライフ」以上5つの重点取り組み分野が存在します。

2-5の解答　（エ）

解説　プロセスイノベーションは製造工程に関するものなので、（エ）が正解となります。（ア）は販売エリアを拡大しただけ、（ウ）は組織改革に関するものですので、プロセスイノベーションとはなりえません。（イ）は設計自身を見直していますので、プロダクトイノベーションに近いといえます。

2-6の解答 (A):(イ)、(B):(ウ)

解説 Society 5.0はサイバー空間(仮想空間)と、フィジカル空間(現実空間)が高度に融合してます。フィジカル空間のさまざまなデータをIoTによりサイバー空間(具体的にはクラウド、コンピューター上)に蓄積することで融合を図っています。サイバー空間に蓄積されたデータはAIによって解析され、今まで見えなかったものが見える(新たな価値の創出)ようになります。

2-7の解答 (オ)

解説 追加関税政策を「リスク」ととらえ、対策を計画していくことは「リスクマネジメント」に該当します。実際にリスクが発生した場合は、日程、部品コスト、品質に影響が出ますので(ア)、(イ)、(ウ)、(エ)それぞれのマネジメント活動としてマネジメントしていくこととなります。

2-8の解答 (ウ)

解説 試作と評価を繰り返すことはプロトタイプ開発手法の特徴です。(イ)、(エ)は文中の説明を参照してください。(ア)はアジャイル開発手法の前身となった開発手法です。同じ反復型ですが、アジャイル開発手法と異なり「機能的に小さな単位」に分割しておらず、システムの「全体がわかる未完成品」を作って、そこから少しずつ完成に近づける手法です。(オ)はアジャイル開発の中の代表的な手法の1つで「開発チームのコミュニケーション」を重視した手法になります。

2-9の解答 (イ)

解説 製造工程を自社に取り込み、製造から販売まで一貫して自社で実施することを垂直統合といいます。(ア)はインターネット上で不特定多数に業務を募集し依頼することです。(ウ)は開発はA社、製造はB社、販売はC社のように、それぞれの強みを生かして作業/工程を分担して取り組むことです。(エ)は異分野、異業種が連携して新しい商品・サービスの創出に向けて活動することです。(オ)はインターネット上の資金調達プロジェクトのことです。

2-10の解答　（ア）

解説　「人事評価」「部署の人材配置」「業務のアサインメント」で活用されています。

3章

産業システム

IoTは、クラウドやAI、ロボットなどと連携し、製造、物流、小売、サービス、医療、農業、交通といった分野に浸透して、変革をもたらしています。この章では、産業や家庭におけるIoTの活用方法およびその進化について解説します。

17 IoT関連の産業システム

ここでは、産業全般でIoTがどのようなところで利用されているかを解説します。概要は1章で解説していますが、他の分野として、特にスマートメーターを中心としたエネルギー分野と医療分野を解説します。

エネルギー分野のIoT

IoTは、クラウドやAI、ロボットなどと連携し、製造、物流、小売、サービス、医療、農業、交通、といった分野に浸透して、変革をもたらしています。

製造業ではIndustry 4.0に代表される生産性の向上や、センサーデバイスを使った新しい商品の開発、新商品と組み合わせた新しいサービスの開発が行われています。交通分野ではコネクテッドカーにより自動運転や新しい交通システムの開発が進められています。

エネルギー関連のIoTで最初に思い浮かべるのは**スマートメーター**です。スマートメーターは各家庭に設置されている通信機能付きの電力計（電気メーター）です。従来の電力計は、検針員が各家庭を訪問して電気の使用量を目視で確認するために使われてきました。これが通信機能付きの電気メーターに代わり、電気の使用量を見える化することで、検針作業が効率化できました。

各家庭では太陽光発電やガス発電機などの家庭内の発電量、電気の使用量を見える化することで、電力の節約などに貢献できるようになりました。このため電気会社はどの家庭やどの地域にどれだけ電力を送ると効率的なのかという電力のマネジメントが必要になってきます。

これらを統合して考えたのが**スマートグリッド**です。

スマートグリッドは電力会社の配送電力を高度化するものです。特に近年は、風力発電などの再生可能エネルギーを供給するなど、エネルギー利用効率の向上に貢献しようとしています。

エネルギーの利用効率向上のためには、家庭だけではなく企業の需要にも的確に対応する必要があります。これを管理するのが、ビルのエネルギー管理である**BEMS**（Building Energy Management System）です。

BEMSとは、発電施設から供給された電力および自社で発電したエネルギーなどを蓄電し、その利用の制御を行います。具体的には、各フロアや部屋ごとの温度や湿度、人感センサーから送られてくる人の密集度などを中央監視制御装置に送り、その監視装置からの指示により各部屋の照明や空調などの機器の制御を行います。さらにエネルギーの利用状況を蓄積して分析することで、将来の需要予測を立てて最適なエネルギー供給を行います。

少し変わったサービスとしては、スマートメーターを活用した「高齢者の見守りサービス」があります。これは、高齢者の生活において継続的に電力が使用されているというデータを蓄積します。蓄積データからその人の生活パターンを把握して、電力の使用量が大幅に減少や増加したときに、何か異常が起きているのではないかという推定ができます。この異常の早期発見により、声かけや緊急対応などにつなげていくことができます。

他に電力設備においては、保守や保全の観点からIoTを活用しています。具体的には設備の不具合や予兆などを早期発見するために、発電機の回転軸を監視し、部材の温度や回転速度のデータを取得して、寿命測定や不安定さを測定するなどを行っています。また変電所の変圧器に対して、油の付着状態や温度などを計測することで、腐食が起こり始めていないかなどを監視している例があります。

■ スマートメーターとは

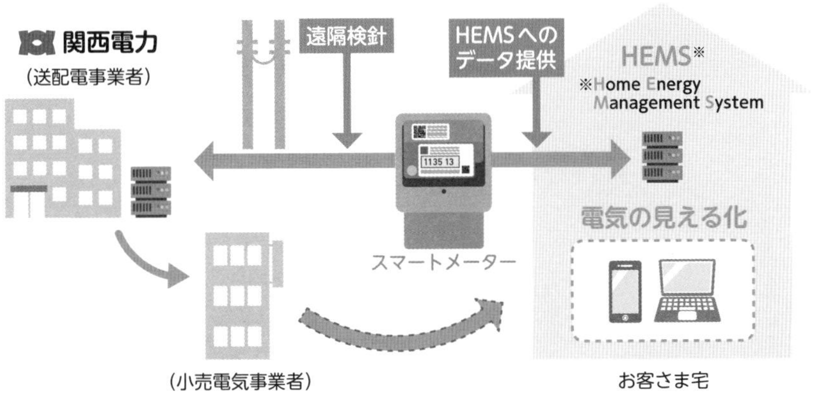

出典：https://www.kepco.co.jp/souhaiden/untiring/smartmeter/about.html

医療分野

医療分野では医療費の増加や医師不足を背景に、ウェアラブルデバイスを使った健康管理が進んでいます。

これまでの病気を治すということから病気を防ぐということに変わり、これを支援するデバイスが出始めています。

例えば、体重計や血圧計からスマートフォンへデータ転送できる機器は、オムロンやパナソニックからすでに販売されています。そしてウェアラブルデバイスから取得された心拍数や歩数などをスマートフォンやクラウドに蓄積し、見える化することで生活習慣病の予防や改善に役立てることができます。

■生活習慣の予防や改善の例

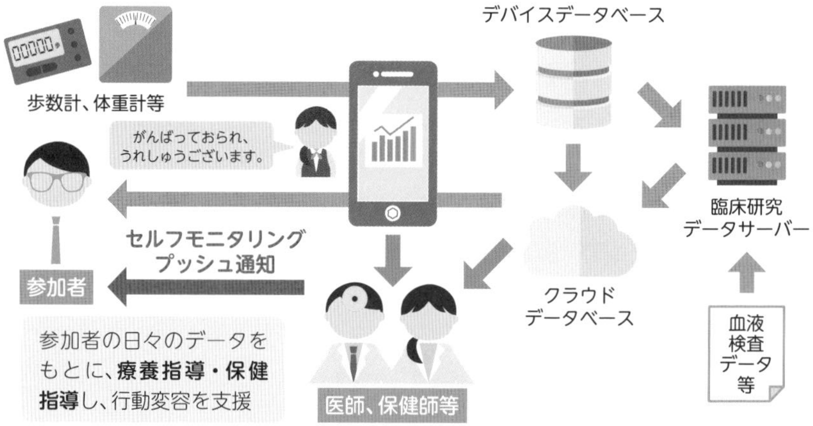

出典："経済産業省におけるヘルスケア産業政策について"　経済産業省

また、フィットネスジムにおいては、エアロバイクやランニングマシン等で計測した運動データを、ウェアラブルデバイスやスマートフォン、クラウドサーバーなどに蓄積して、個人ごとに最適な運動メニューを提案する仕組みも構築されています。

この他、医療機器にセンサーデバイスを組み込み、遠隔地での保守点検により現場職員の負担減少しています。さらに、過疎地での医師不足を背景に遠隔情報を使った診断や治療のアドバイスをすることなどが行われています。

介護分野

介護の分野では、見守りシステムが成長分野です。住宅の中や介護施設において、居住空間の温度や湿度センサー等によるモニタリングで、快適な状態を保っています。また、見守り対象者にGPSを装着した現在位置把握、移動履歴蓄積、動体センサーによる危険区域侵入時のアラートなどが行われ、介護者の負担を軽減する取り組みが行われています。

そのほかにベッドや枕に加速度センサーを取り付け、快適な睡眠が確保できているか、異常な状態が継続していないかなどの監視を行う取り組みも始まっています。

模擬問題

3-1 IoTは、製造、物流、小売、サービス、医療、農業、交通などの分野に浸透し変革をもたらしています。産業や家庭におけるIoTの活用方法についての説明として誤ったものを選んでください。

(ア) 製造業では、IoTを生産性の向上に活用している
(イ) 農業分野では、IoTは全く活用されていない
(ウ) 医療分野では、ウェアラブルデバイスを使った健康管理に活用されている

3-2 次の文中の（　A　）に当てはまる言葉を選んでください。
エネルギーの利用効率向上のためには、家庭だけではなく企業の需要にも的確に対応する必要があります。これを管理するのが、ビルのエネルギー管理である（　A　）です。

(ア) BEMS（Building Energy Management System）
(イ) HEMS（Home Energy Management System）
(ウ) FA（Factory Automation）

▶▶ 解答 はp.123

18 製造業の IoT

製造業ではIndustry 4.0に代表される生産性の向上や、センサーデバイスを使った新商品の開発、新商品と組み合わせた新しいサービスの開発が行われています。ここでは、製造業におけるIoTの活用方法や方向性を解説します。

工場の見える化とイノベーション

第2章で解説していますが、Industry 4.0に代表されるように、産業分野の中でも特に製造業はIoTの活用が進んでいます。

IoTの活用のうち1つは、**プロセスイノベーション**と呼ばれる工場の見える化です。

プロセスイノベーションとは、無駄の削減やコスト削減だけを目標とするのではなく、これまでのやり方や手法を新しくすることで価値を生み出し、イノベーションを起こすことです。

工場の見える化は、最新のマシニングセンターや**制御基盤**などがデジタル化され、産業分野向けネットワークの整備によりデータ収集や分析、遠隔操作などが可能です。

しかし、プロセスイノベーションにおける課題は既存設備からの情報収集です。中小企業をはじめモノづくりの現場では数十年稼働しているNC旋盤やマシニングセンター、原料用貯蔵タンクや調合タンクなどといった古い設備があります。データの取得を考慮していなかったこの古い設備から情報を収集することは簡単ではありません。このため動体センサーや光センサー、振動センサーなどセンシングの技術を使って情報を取得する必要があります。

さらに情報量が多くなるため、どれが必要なデータか見極めるデータクレンジングという作業が必要です。

次に多いのが**プロダクトイノベーション**と呼ばれる新製品や新サービスの提供です。

プロダクトイノベーションとは、新しい製品やサービスを開発することで新しい価値を生み出しイノベーションを起こすことです。

新サービスは、コピー機とトナーの関係のように、摩耗や時間により部品が消耗する製品を扱っている製造業では取り組みやすいサービスです。

この他、自社の計器などのアナログ製品にセンサーと通信モジュールを組み込み、アナログデータをデジタルデータに変換してデータを出力する製品が作られています。

PoC

いずれの場合でも、センサーから通信、クラウドサービスまでのあるべき姿を考えて進めようとすると時間がかかります。例えば、倉庫の温度を一定に保つため、温度を取得するためのセンサーや中継機、クラウドサービスまで1つ1つ選定するのは大変です。

そこで、具体的な課題に対する前に、構想が実現可能かどうかを判定するために、実証実験を中心に見据えた、**PoC**（Proof of Concept）と呼ばれるデバイスやソリューションが出始めています。以下の図は、Tibbo-Piというデバイスです。このようなデバイスを使って、IoTシステムや製品の試作開発が可能になります。

■ PoCの例（センサー付きRaspberry Pi）

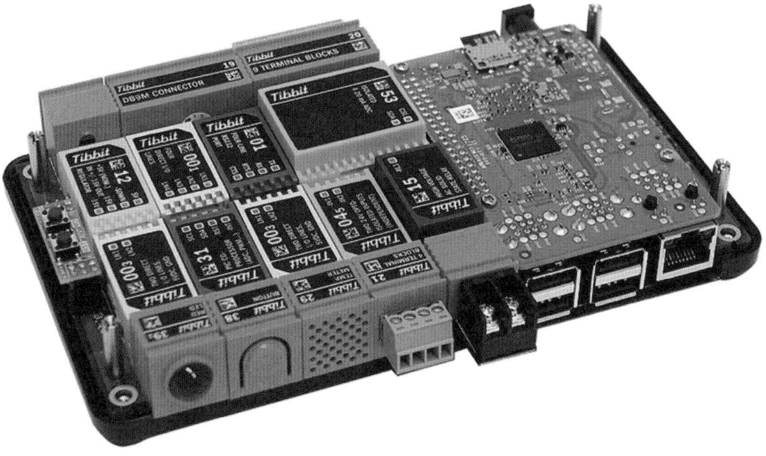

URL：https://tibbo-pi.co-works.co.jp/

技能承継

製造業におけるIoTによるデータ収集は、その活用が鍵になります。

匠の技でものづくりを行ってきた職人が高齢化しているため、技能を承継する必要があります。ここに職人の技能をセンサーにより測定し、デジタル化することで技能を継承する動きが活発です。

AI

製造業におけるAIの活用は、画像による外観不良の検査が期待されています。

具体的には製品の画像を蓄積し、過去の不良品画像と検査時の画像を比較して選別します。この蓄積時に製品の正常品画像と不良品画像を両方学習させる「教師あり学習」というAIの手法を使います。この「教師あり学習」によりAIが正常品と不良品を見分けられるようになります。

■金属加工におけるAI技術の活用

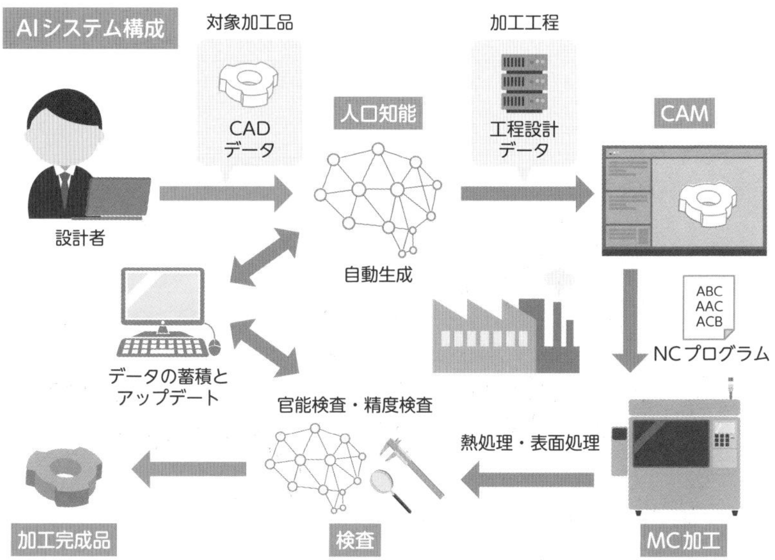

出典：ものづくり白書2018年版

例えば、マヨネーズで有名なキューピーがAIによるダイスポテトの不良品を判別するシステムを作っています。ダイスポテトは赤ちゃん向けのベビーフードに使われる1cm角のジャガイモの切片です。画像認識によりAIがポテトの良品を学習し、変色などの不良品を見分けることができます。

このシステムは、Google社のTensorFlowという機械学習のソフトウェアライブラリを使って、NVIDIAの市販のGPUを搭載したパソコンで動作させることで、安価に利用しています。

模擬問題

3-3 プロセスイノベーションとはどのようなことでしょうか。

（ア）受注や発注業務を効率化するためにインターネットなどを介して受発注データをやり取りする仕組み

（イ）IoTを活用において、具体的な課題に対するため、IoTデバイスやシステムを使った実証実験的な導入方法

（ウ）工程内の設備や工程間の見える化を進め、分析して効率化を図ること

3-4 プロダクトイノベーションとはどのようなことでしょうか。

（ア）新しい製品やサービスを開発することで、価値を生み出し、イノベーションを起こすこと

（イ）工場の設備を強化し、工程の見える化を進め、分析すること

（ウ）業界トップの企業が新興企業によるイノベーションに後れをとってしまうこと

3-5 PoC（Proof of Concept）とはどのようなことでしょうか。

（ア）課題対応の構想が実現可能かを判定する実証実験

（イ）戦略コンセプト

（ウ）スマートコンセント

▶▶解答はp.123

19 デジタルツインとCPS

ここでは、シミュレーションや仮想空間と現実を結びつける、将来の製造業で重要となるデジタルツインと全産業で注目されているCPSについて解説します。

デジタルツイン

デジタルツインとは、「デジタルを使った双子」の状態です。この状態は、物理的な機械設備に接続したセンサーから稼働状態や生産状況をリアルタイムに取得して仮想システムに再現します。

この状態を作ることで、仮想システムと現実世界を結び付け、仮想システム上でテストを行い、物理的な現実システムが想定どおりに動作することを確認できます。

■デジタルツイン

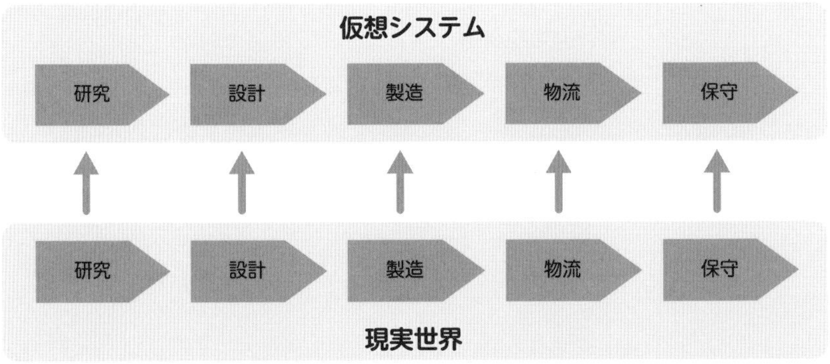

これまでの製造業は、設計段階において複数の設計案を作成し、コンピューター上や試作品を作成してテストを行ってきました。このため製造途中段階で完成状態を確認することが難しく、出荷段階にならないと最終完成状態が確認できませんでした。

デジタルツインを活用すると、設計段階で物理的な設備で製造した製品と同様に、リアルタイムで製品品質や工程設計、量産体制などに問題がないかを確認することができます。

また、不具合が発生する可能性を発見したり、設備や製品自体の予防的な保全を検討したりできます。

デジタルツインという考え方ができたのは、IoTの技術が進んだからといえます。

これまでは、旧式の設備から情報をデジタル化するためには、人手で情報を集めなければなりませんでした。設備のスイッチONやOFF、原料投入や生産完了など動作の開始終了などの情報は手入力で行うしかありませんでした。しかし、センサーを基本としたIoTの技術により、物理的なデータを自動的に収集することができるようになりました。

活用分野

デジタルツインの活用はさまざまな分野があると想定されています。製造業では、前述の設計シミュレーションです。

医療の分野では、人体への影響の度合いのシミュレーションや人工臓器を製造したときの人体との適合性の評価が考えられます。このほか薬品では、国ごとの規制への対応など、複雑でテストが難しい分野への適合があります。

自動車業界では自動運転の技術開発が盛んですが、このデジタルツイン技術も検討が進んでいます。

例えば運転中のデータを取得して、エンジンの回転数やブレーキの効き具合などすべての状態をセンサーで取得します。これを仮想空間にデータとして蓄積し分析の結果から、故障の確率をシミュレーションしたり、現在の車の画像から道路状態や渋滞状況を把握したりすることができ、後続する車へ情報を伝達することができます。

コマツではCOM-MICSというサービスを提供し、協力企業における加工作業中のデータを、工作機械から取得しています。生産時間を測定し、段取り替えなどの付帯業務を評価し改善に役立てます。また設計段階までフィードバックを行い生産効率の改善まで行っています。

CPSとは

CPS（Cyber-Physical System）は実世界のデータをセンサーなどで収集し、サイバー空間でビッグデータとして分析してフィードバックを行い、産業の活性化や社会問題と対決する概念です。IoTの考え方を拡大し、フィジカル空間とサイバー空間が融合しているのが特徴です。

IoTは工場や企業の合理化や効率化が目的でしたが、これらを社会全体で考えることで、新たな価値提供につながると考えられています。上記の自動車業界の取り組みはCPSとも考えられます。

多種多様な実世界のデータとサイバー空間をつなげることは1つの企業では成し得ることができません。さまざまなデータを収集し活用するためには、相互に連携できるプラットフォームを作る必要があります。

しかし、連携できるプラットフォームはセキュリティの面で情報漏えいのリスクが高まります。データ相互利用および連携できるプラットフォームを作りつつ、セキュリティの強化という相反する課題を解決する必要があります。

■ CPS

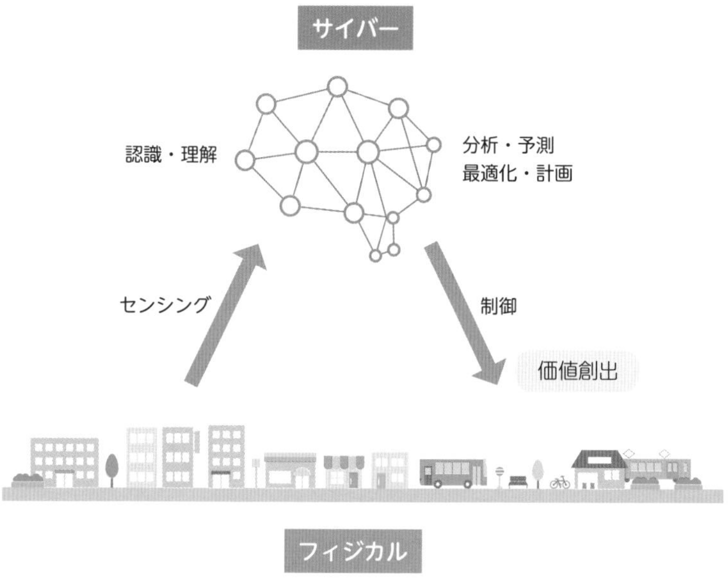

模擬問題

3-6 デジタルツインとはどのようなことでしょうか。

(ア) 物理的な機械設備に接続したセンサーから稼働状態をリアルタイムに取得して仮想システムに再現し、活用すること

(イ) 人間の脳にある特性を分けた状態

(ウ) デジタルとアナログなど、情報を表現するためには2つの層があること

(エ) クラウド上でデジタルデータを活用して分析するサービス

3-7 CPSとはどのようなことでしょうか。

(ア) 日本の警察庁が推進しているサイバー犯罪対策強化プロジェクト

(イ) 実世界のデータをセンサーなどで収集し、サイバー空間でビッグデータとして分析して産業の活性化や社会問題と対決する概念

(ウ) コンピューターへの不正侵入やウイルス感染、データ改ざんといった外部からの攻撃に対するセキュリティ防衛対策

3-8 デジタルツインの活用例にはどのようなものがありますか。

(ア) 製造業では、設計シミュレーション

(イ) 医療では、人工臓器の製造

(ウ) 薬品では、全世界統一規格の開発

3-9 次の文中の（　A　）と（　B　）に当てはまる言葉を選んでください。

デジタルツインという考え方ができたのは、（　A　）の技術が進んだからといえます。これまでは、設備のスイッチONやOFF、原料投入や生産完了など動作の開始終了などの情報は手入力で行うしかありませんでした。しかし、（　B　）を基本とした（　A　）の技術により、物理的なデータを自動的に収集することができるようになりました。

(ア) CPS

(イ) IoT

(ウ) センサー

(エ) 設計

▶▶ 解答 は pp.123-124

20 Connected Industriesの事例と国内外の状況

ここでは、日本の産業が目指すべき姿として、「人、モノ、組織等がつながる価値」というConnected Industriesの活用分野および先行するドイツの状況と日本の方向性を解説します。

Connected Industriesの事例

第2章で解説しましたが、Connected Industriesは、2011年にドイツ政府が発表したIndustry 4.0や第4次産業革命の流れを受け、経済産業省が2017年に提唱しました。これは日本の産業が目指すべき姿として、人、モノ、技術、組織等がさまざまにつながることで新たな価値創出を図るというものです。

Connected Industriesでは、(1) **自動走行**、(2) **バイオ・素材**、(3) **スマートライフ**、(4) **プラント・インフラ**、(5) **ものづくり**、などの重点分野が示されています。

(1) の自動走行の分野では、「データ収集・利活用」の取り組みの1つとして、国内トラックメーカーが共通のプロトコルを使い「トラック隊列走行」を実験しています。トラック隊列走行とは、2から3台のトラックが連なり、リアルタイムで走行状況を共有し、自動的に車間距離を保って走行する技術です。2018年1月には新東名高速道等で公道実証実験が開始されました。

(2) のバイオ・素材の分野では、「高度に機能がデザインされ、機能の発現が制御された生物細胞」を使った産業群であるスマートセルインダストリーが提唱されています。この中で、医療分野における再生医療、食料分野では、遺伝子改良による食糧危機問題の回避、エネルギー分野でのバイオエタノールを使用した環境負荷の低減、ものづくりの分野では、石油化学製品からの脱却など、バイオ素材やバイオテクノロジーを活用した抜本的な変革が起こると想定しています。

(3) のスマートライフの分野では、すでに家電やウェアラブル端末、家庭内のさまざまなセンサー等で宅内の環境情報やユーザー情報を収集できていると考え、企業間での協定を結び、データを連携することで、生活上のあらゆる情報がつながり、生活の不便を解消するサービスが提供できると提言しています。

具体的には、大和ハウスや積水ハウスの住宅に、パナソニックやシャープなどの家電メーカーとNECや富士通などのシステム会社が協力して、外出先からエアコンや照明などの操作の実験を行っています。

(4) のプラント・インフラの分野では、設備から送られるデータを活用したメンテナンスの標準化と保安力の向上が鍵になります。特に保守点検においては、ドローン等最新機器を活用した保守点検の効率化が求められています。

例えば、橋梁のひび割れなどの点検は、目視と打音の点検が必要なため、高い位置や人が入り込みにくい場所には時間とコストが掛かっていました。これを打音検査機構を付けたドローンを操縦することで、画像解析によるひび割れ検出や形状計測、打音検査作業効率が向上しました。

(5) のものづくり分野では、「稼働率の向上」、「歩留まり率の向上」、「品質の向上」等が共通する課題です。このため、工場等で発生するデータを活用したプラットフォーム構築が設備メーカーやクラウド事業者において活発になっています。

例えば、工作機械メーカーのオークマは、「Connect Plan」というサービスを提供しています。工作機械をインターネットで接続することで、工場の稼働実績、加工記録を見える化でき、稼働率向上に向けた分析ができます。

■ Connect Plan

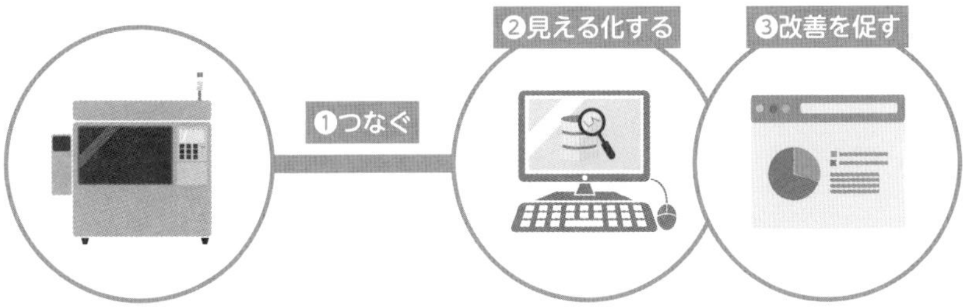

出典：https://www.okuma.co.jp/smart-factory/connect-plan.html

先行するドイツの状況

第4次産業革命と呼ばれる変革では、ドイツのIndustry 4.0が先行しています。ドイツは現実のデータをセンサーで収集し、コンピューター上の仮想空間に蓄積・解析した後、現実の世界にフィードバックするという「スマート工場」を目指しています。

この重点取り組みを支えるために、(1) リアルデータの共有や利活用、(2) データ活用に向けた基盤整備、(3) 国際やベンチャー地域中小企業へのさらなる展開のための支援、を進めています。

また標準化が重要になるデータ活用においても、SAP社の協力のもと企業間連携の仕組みを整えようとしています。

■スマート工場の取り組み

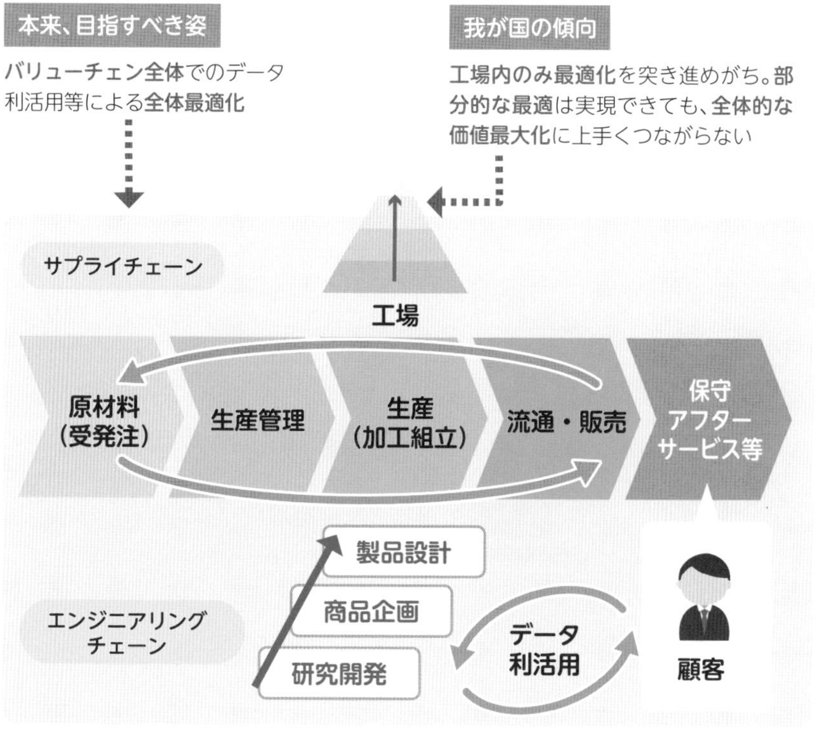

https://www.meti.go.jp/report/whitepaper/mono/2018/honbun/mobile/honbun_mb/101035_2mb.html

日本の中小企業に向けた政策

Connected Industriesは、データ連携や企業間連携の必要性があるため中小企業にはハードルが高いと予想されています。しかし中小企業においてもIT化を進める必要があることから、Connected Industries税制やIT導入補助金等が設けられ、国は中小企業に対するConnected Industriesを見据えた企業の取り組みを後押ししています。

模擬問題

3-10 Connected Industriesについての説明として最も正しいものを選んでください。

(ア) 2011年にドイツ政府が発表したスマートライフを実現する政策である

(イ) 第4次産業革命と翻訳され、サイバー空間と設備機器をつなげるインターフェースのことである

(ウ) 日本の産業が目指すべき姿として、経済産業省が2017年に提唱したものである

(エ) ものやコトの状態をセンサーで監視して、クラウドに保存して分析するシステムのことである

3-11 Connected Industriesにおける活用分野の状況で正しいものを選んでください。

(ア) 自動走行の分野では、「データ収集・利活用」の取り組みの1つとして、ドローン等最新機器を活用した保守点検の効率化が高まっている

(イ) プラント・インフラの分野では、「トラック隊列走行」を実験を始め、送られるデータを活用した自動運転の模索が始まっている

(ウ) スマートライフの分野では、すでに家電やウェアラブル端末が広がり、生活の不便を解消するサービスが提供でき始めている

▶▶ 解答 はp.124

21 家庭における IoT 製品と技術

スマートフォンを使った家電のコントロールやスマートスピーカーなど、家庭においてもIoT製品を目にするようになってきました。ここでは、個人や家庭だけでなく社会で活用されるIoTを紹介します。

ホーム

IoTの技術を使えば、LEDの照明やエアコン、テレビなどの家電は、スマートフォンを使って外出先から操作ができます。

またスマートロックが発売され、鍵を持っていなくても、スマートフォンを使いドアの施錠や開錠を行うことで、家族や親しい友人のために外出先から解錠や施錠を行うことができます。

アマゾンエコーやGoogleホームといったスマートスピーカーは、音声で今日の天気やニュース、料理のレシピ、音楽などを再生することができるので、手を使った操作をなくすという生活ができます。さらに、上述した家電のコントロールも音声で行うことで、「いってきます」と言うと、照明やエアコンをOFFにし、扉を開けるとこれらをONにするなど、人の行動に合わせた家電のコントロールができるのです。

これらは、HEMS（ホームエネルギーマネジメントシステム）と呼ばれる電気の使用量を測定し節電につなげるシステムと合わせて**スマートホーム**と呼ばれ、安心・安全で快適なライフスタイルが実現されようとしています。

例えば、エアコンの電気使用量を測定し消費電力を最適化したり、部屋に差し込む太陽光の明るさにより照明の明るさを調整したりします。また、外出する際に、すべての部屋の照明やエアコンをまとめてOFFすることもできます。このような家電製品の統合コントロールは、共働き世帯にとって朝の忙しい時間の節約になります。また前述のスマートロックを使えば、スマートフォンでの施錠を始め、施錠の状態を外出先から確認・操作することができ、鍵のかけ忘れに対する不安を解消します。

■スマートホーム

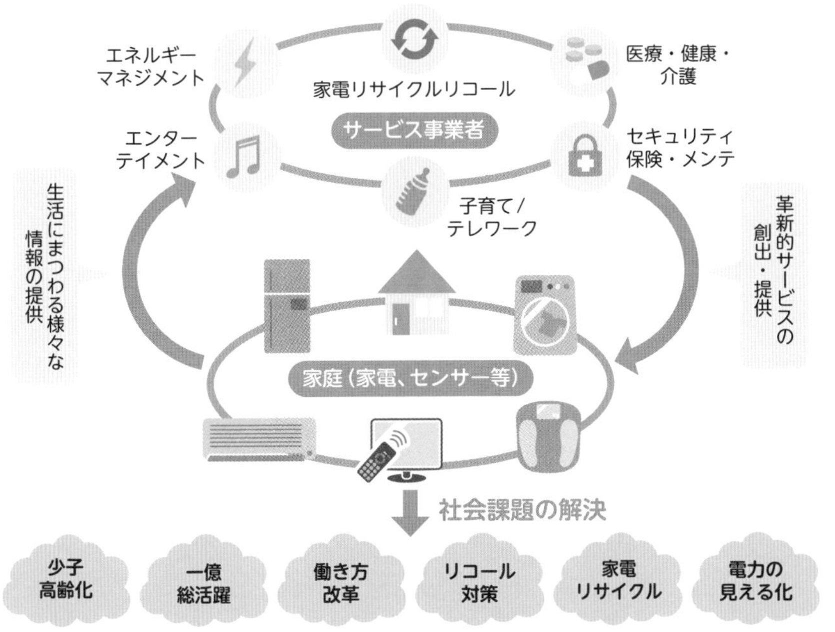

出典：経済産業省スマートホーム検討資料

見守り

また、少子高齢化を背景に、見守りという分野において老人や赤ちゃんの見守りのためのデバイスが増えてきました。

例えば、離れた部屋で寝ている赤ちゃんの状態や状況を確認するために、呼吸や睡眠､寝返り等の状態をセンサーなどで確認し､問題があればスマートフォンやアラームなどで知らせるシステムがあります。

また、低学年の児童であれば、GPSやビーコンを活用して通学途中の駅や学校、公園などに整備されたポイントを通過すると知らせたり、記録されるされたりするシステムもあります。

高齢者の見守りでは、温度や湿度センサーを使い、エアコンの温度や湿度の情報を離れた場所にいる家族に送ることにより、室温の異常を検知し熱中症予防の対策に使うことができます。

ウェアラブル

腕時計やメガネ、ペンダント型などの身に付けるウェアラブルデバイスは、価格が低下して導入が進んでいます。スマートフォンと連動し、電話の着信通知やSNSやメールの通知機能を備えており、情報を手軽に確認することもできます。また、心拍数や活動距離などの測定や記録ができるため、健康促進のために広く浸透してきました。

この他、シャツや靴などの着衣側ウェアラブルデバイスはこれらの用途を拡大し、スポーツ分野でも活用されています。フィルム状の導電素材を使った衣料は、心拍数の他、加速度などを測定して、筋肉疲労度やストレス、緊張度などを把握することで、スポーツ選手の状態を管理できます。

これらのウェアラブルデバイスは、2020年東京オリンピックを前に、ますますの進展が期待されています。

■ウェアラブル

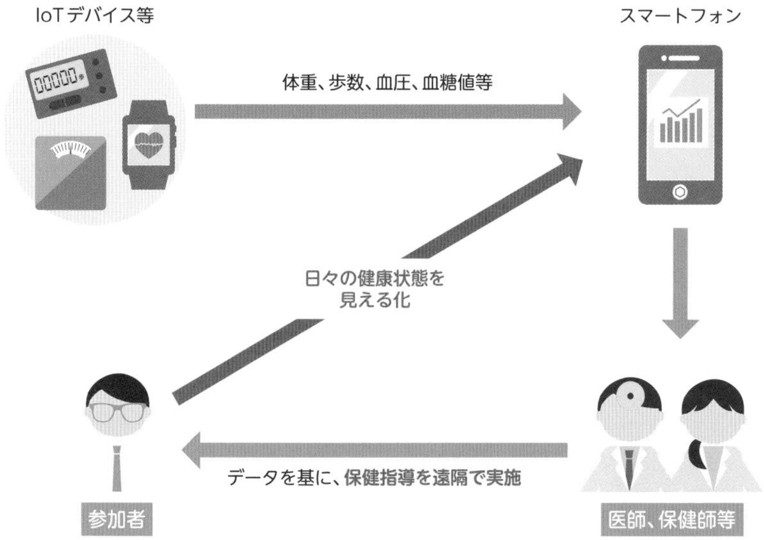

出典：“ウェアラブルやデータ活用による疾病・介護予防や次世代ヘルスケア” 経済産業省 平成31年2月

ファッション分野

ファッション分野では、消費者個々の好みに対応しつつ大量生産を実現する「マスカスタマイゼーション」を実現するため、消費者の身体の状態を測定する「情報収集やセンシング」が増えています。

例えば、店舗での試着時にカメラ撮影した画像情報を工場に送り、セミオーダーの洋服生産ができます。また、家庭で採寸できるボディースーツで首周りや腕の長さを測定し、オーダーメイドに近い洋服を買うことができます。

この他、導電性繊維でできた素材を利用し衣服や帽子に組み込み、心拍や心電、筋電や呼吸数等の生体データを取得して、建設現場の作業員やバスやタクシーのドライバー等の見守り、プロスポーツ選手やアスリートの体調管理や運動負荷量の測定が進められています。

模擬問題

3-12 家庭におけるIoTの活用の説明として正しいものを選んでください。

(ア) LEDの照明やエアコンなどの家電コントロールは、スマートフォンを使って外出先から操作ができる

(イ) HEMSは、ヒューマンエレクトロニクスと呼ばれ、人体の測定を行うことができる

(ウ) ファッション分野におけるIoTは、1900年初頭の大量生産時代の支援をするシステムとして活用されている

3-13 ウェアラブルデバイスの説明として正しいものを選んでください。

(ア) ウェアラブルデバイスは、1964年の東京オリンピックのときに開発され。全選手が着用した

(イ) 現在スポーツ選手が着用しているウェアは導電素材の電極が埋め込まれており、筋肉疲労度の他、選手の思考をコーチに伝達できる

(ウ) Apple Watchを始めとするウェアラブルデバイスは、スマートフォンと連動し、電話の着信通知やSNSやメールの通知機能を備えている

▶▶ 解答 は pp.124-125

22 世界における IoT プロジェクト

新しい取り組みが広まりにくい日本ですが、他国ではどのようになっているでしょうか。ここでは、アメリカ、欧州、中国など日本より先行している各国のIoTの取り組み状況について示します。

アメリカの動向

アメリカは2006年からNSF（米国国立科学財団）が、IoT/CPS（Cyber Physical System）に取り組むことを打ち出した後、多くのプロジェクトが立ち上がりSmart America ChallengeやGlobal City Teams Challengeなどにより**スマートシティ**などの実装を推進しています。

例えば、アトランタ州ではイベントに合わせて駐車場を開放し、交通量や歩行者に合わせて信号の点灯時間を調整したりするスマート道路を設置しています。

また、ロサンゼルス、ラスベガス、アトランタの3都市で産官学の取り組みであるGCTC（Global City Team Challenge）がスマート水道インフラプロジェクトを実施しています。これは、AT&TとIBM、米Mueller Water Product（パイプ・バルブの大手メーカー）が、水道管にセンサーを設置し、水道管の水漏れなどを感知することで、水の損失を低減することを目指した取り組みです。

欧州

欧州のうちドイツは2011年から「Industry 4.0（第4次産業革命）」に取り組んでいて、IoTで先行しているのは周知のところです。

あらゆる設備や稼働状況をリアルタイムに監視し、製造設備を自動的に制御したスマート工場や物流など、バリューチェンも含めた次世代の製造業の構想を打ち出しています。また、ドイツ政府とBosch、SAP、Siemensといった企業など産官学での共同で研究や実証実験を行い、成果が現れています。

他に欧州では、スペインのバルセロナ市が2000年からスマートシティ構想を推進しています。

例えば、街中に設置したセンサーとネットワークにより、街灯（電力）や散水（水資源）の管理、駐車場や交通機関の運営状況、廃棄物収集管理などを行っています。また、このスマートシティ化を推進する「センティーロ（Sentilo）」というデータ一元管理プラットフォームを開発し、オープンソースとして世界の地方公共団体や機関に無償提供していることが特徴的です。

■ バルセロナ市のスマートシティプログラム

1	通信ネットワーク	12	市民権
2	都市プラットフォーム	13	オープンガバメント
3	スマートデータ	14	バルセロナ・イン・ザ・ポケット
4	スマートライト	15	スマート廃棄物収集
5	自給エネルギー資源	16	スマート規制
6	スマートウォータ	17	スマートイノベーション
7	スマートモビリティ	18	健康と福祉サービス
8	自然復元	19	教育
9	都市変容	20	スマートツーリズム
10	スマート設備	21	インフラストラクチャーと物流
11	都市復元	22	文化と娯楽

出典："Barcelona 5.0 Smart City" バルセロナ市

中国

中国では、他国とは異なり、政府の権力でトップダウンによる政策で進められています。産業の活性化や新規ビジネスの創出のため、次世代情報技術や高性能NC制御工作機械・ロボット、省エネ・新エネ自動車、など10の重点分野と23の品目を強化する「中国製造2025」を2015年に制定しました。

また、この品目ごとに目標値を設定し、例えば次世代通信規格「5G」のシステム設備は25年に中国で80%、世界で40%という高い目標を掲げ中国市場だけでなく世界市場を席巻しようとしています。

スマートシティの取り組みは、2016年に制定された第13次5か年計画においても明言され、都市のインフラのスマート化や公共サービスの利便性向上が示されています。2017年時点で約500都市がスマート化の建設中であり、これは世界でも群を抜いています。

■ 10の重点分野

①	次世代情報通信技術
②	先端デジタル制御工作機械とロボット
③	航空・宇宙設備
④	海洋建設機械・ハイテク船舶
⑤	先進軌道交通設備
⑥	省エネ・新エネルギー自動車
⑦	電力設備
⑧	農業用機械設備
⑨	新材料
⑩	バイオ医薬・高性能医療機械

日本の遅れ

平成28年度の「情報通信白書」によると、日本を含む6か国（日本、米国、英国、ドイツ、韓国、中国）の比較では、次の図の左下に示されているように2015年において米国のIoT導入率は40%を超えていますが、日本を含めた他国は20%前後です。

一方、次の図右上に示されているように2020年に向けた導入意向は、全体的に現状の2〜3倍になると予想されています。しかし相対的に見ると、日本は導入意向が低いため、今後は他国との差が開いてしまう可能性があります。

■ IoT導入状況 (2015) と今後の導入率 (2020)

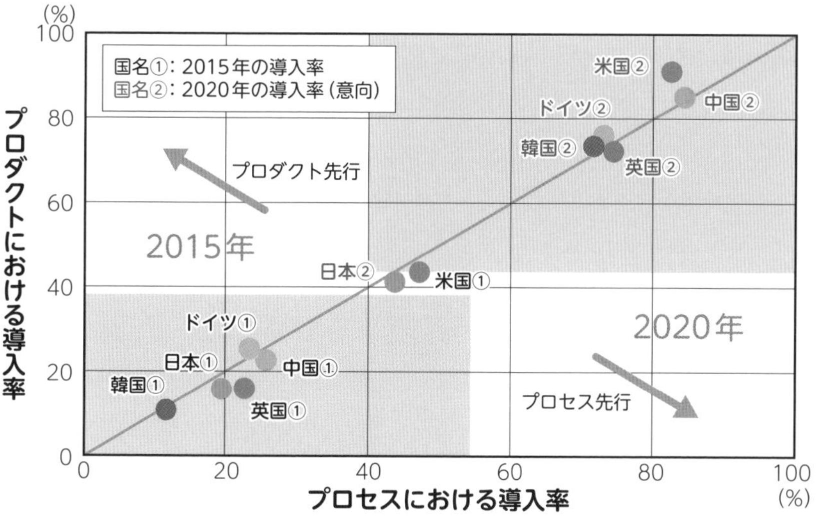

出典："情報通信白書"総務省 平成28年版

模擬問題

3-14 世界のIoTの活用の説明として正しいものを選んでください。

（ア）アメリカではNASA（アメリカ航空宇宙局）が中心となり、多くのプロジェクトが立ち上がりSmart America Challengeなどを推進している

（イ）ドイツでは、Industry 4.0の流れの中スマート工場などの成果を出し始めている

（ウ）中国では、「中国製造2025」を制定したが重点分野が示されていない

3-15 世界と日本のIoTの導入の説明として正しいものを選んでください。

（ア）平成28 年度の「情報通信白書」によると、日本を含む6 か国のうち米国以外のIoT導入率は20%前後である

（イ）平成28 年度の「情報通信白書」によると、日本を含む6 か国のうち米国は90%前後である

（ウ）2020年に向けた導入意向は全体的に現状の50倍になると予想されている

▶▶ 解答 はp.125

23 日本と連携するIoTの状況

ここでは、EUや米国および中国でのセキュリティー対策を鑑みたデータ管理のルール、そして日本企業を含めたワールドワイドな企業で展開される標準化に向けた取り組み状況について示します。

データの流通

IoTを含めたデジタル社会では、日本と世界で連携する必要がある分野にはさまざまなものがあります。現在では、多くの音声情報や画像、文書といったデータが世界中を飛び交っています。

世界的なデジタル社会に対応するためには、データの安心安全な活用および高品質を保ったまま流通させる仕組みが必要です。また、これらのデータの中に個人情報が含まれるため、この個人情報の安全性の確保やデータを国外に移転する場合のルール作りなどが求められています。

各国におけるデータ管理のルール

EUでは、これまでの「EUデータ保護指令」から2018年5月以降「**EU一般データ保護規則（GDPR）**」が適用されるようになりました。GDPRでは、原則として個人データをEU外に移転することを禁じるなど、適正な管理が必要とされています。また、違反には厳しい罰則が定められているなど、多様な加盟国の中のルールの統一化を図っています。

米国は2002年12月に制定した「**連邦情報セキュリティマネジメント法（FISMA）**」を根拠に、**アメリカ国立標準技術研究所（NIST）**が、セキュリティ基準を定めました。また、**クラウド認証制度（FedRAMP）**というクラウドサービス調達のためのセキュリティ基準を定め、その導入や防衛産業を中心としたデータのセキュリティ対策をクラウドサービス事業者に対して実施するよう求めています。

中国ではサイバーセキュリティ法案が可決されており、重要インフラの運用者に対して個人情報の国内保存義務および外部への移転を規制しています。さらに、個人情報と重要データを移転する場合には安全評価を行うことを義務付けているところがポイントです。

■ データ流通に必要なAPIと相互連携

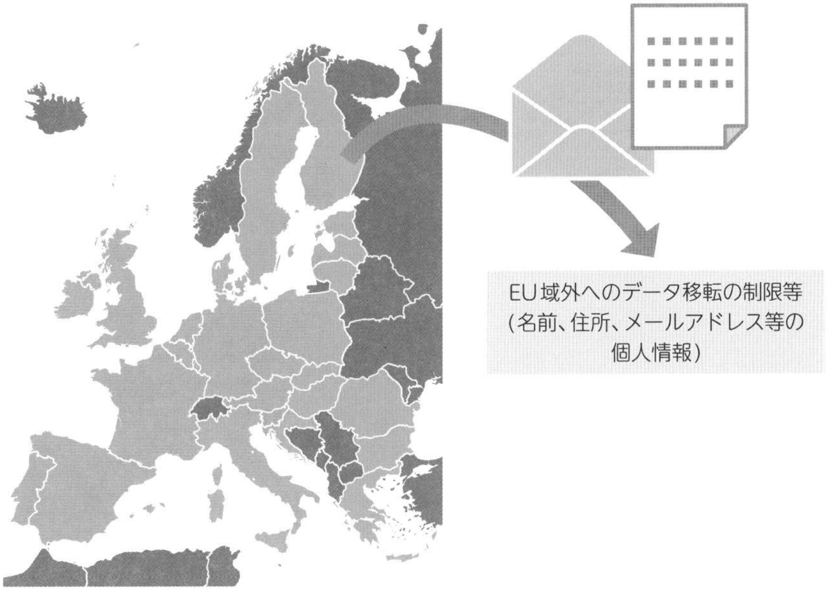

出典：http://www.iotac.jp/

標準化に向けた取り組み

現在、世界中でさまざま方向からの標準化の取り組みが行われています。

米国では、異業種で形成されている標準化グループとしては、IICがあります。IICは、オープン技術に基づく相互接続のために必要なリファレンスアーキテクチャやフレームワークの規定などを勧めています。

標準化は企業の地位を高める狙いがあり、企業主導の標準化も多くあります。

この他に、**Open Connectivity Foundation（OCF）**というIoTフレームワークの統一化を進めている団体もあります。

これはQualcommやシャープ、ソニーなどの家電メーカーが参加して家電機器等の相互接続を進めていたAllseen Allianceと、インテルが中心となりIoTデバイスの相互接続の仕様とLinuxベースのオープンソースソフトウェアの提供を行っていたOIC（Open Interconnect Consortium）が統合された団体です。

また、Thread Groupという団体は、ARMが中心となりセキュアで省電力な無線ネットワーク仕様である6LowPANをスマートホームに適用しようとしています。

ドイツでは、Industry 4.0が国家主導の産官学の巨大プロジェクトとなっています。

Industry 4.0では、有識者で構成されるIndustry 4.0 Working Groupと、科学技術アカデミーのacatechが提言書をまとめ、スマート工場を実現する姿を示しています。この象徴的な例として、「ダイナミックセル生産方式」を提示しました。

■ 標準化

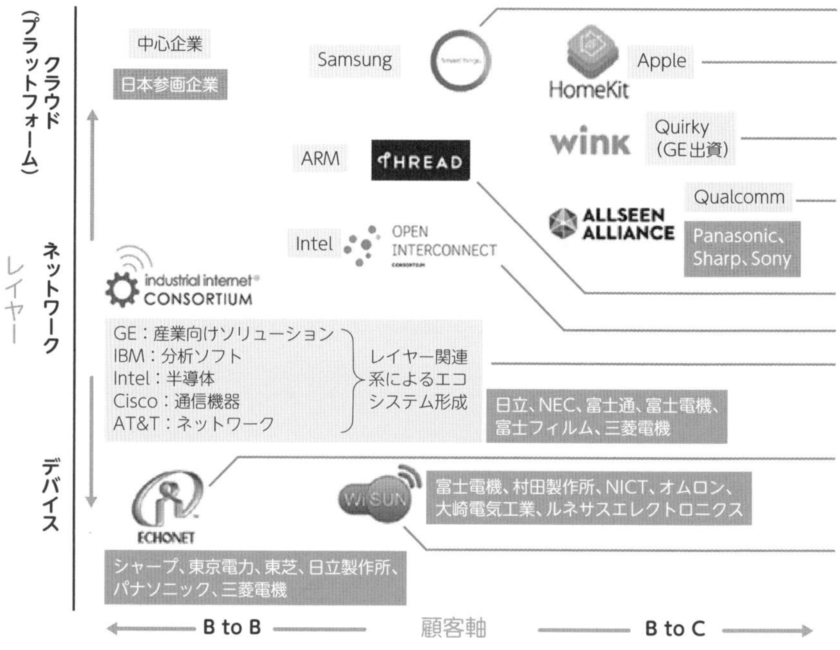

出典："情報通信白書" 総務省 平成28年版

模擬問題

3-16　世界のIoT活用におけるルールの制定状況についての説明として正しいものを選んでください。

（ア）EUでは、これまでの「EU一般データ保護規則（GDPR）」から2018年5月以降「EUデータ保護指令」が適用されるようになった

（イ）米国では、アメリカ国立標準技術研究所（NIST）が、セキュリティ基準を定めた

（ウ）中国ではサイバーセキュリティ法案の準備中であり、個人情報の国外への移転が可能である

3-17　世界のIoT活用における標準化の説明として正しいものを選んでください。

（ア）現在、IoTの標準化の取り組みは行われていない

（イ）米国では、OICとAllseen AllianceがOCFに統合された

（ウ）標準化は世界を統一する狙いがあり、国連が主導して進めている

3-18　クラウド認証制度（FedRAMP）は、どのような事業者に対するセキュリティ基準ですか。

（ア）家電機器製造事業者

（イ）IoT機器製造事業者

（ウ）インターネット接続事業者

（エ）クラウドサービス事業者

3-19　Open Connectivity Foundation（OCF）という団体の参加者で正しいものを選んでください。

（ア）大崎電気工業

（イ）Qualcomm

（ウ）Apple

▶▶ 解答 はpp.125-126

24 世界の IoT 企業

ここでは、GoogleやAmazonといったクラウドサービスや音声入力などのIoTデバイスを提供している米国の企業の他、EU、中国、それぞれの代表的な企業とその取り組みを紹介します。

さまざまな産業に浸透しているIoT

世界のIoT企業を考える場合、クラウドとセンサーや音声入力などのデバイス、ネットワーク機器やその構築を担っている企業に注目し続けなければなりません。IT専門調査会社のIDC Japanによると、IoT市場の世界の支出額は、2019年に7,450億ドルに達するといわれています。また、2022年には1兆ドルの大台に乗ると予測しています。

米国のクラウドサービス

米国におけるIoT の代表的な事業者は、**GAFA**と呼ばれている、**Google、Apple、Facebook、Amazon**の4社です。クラウド環境を保有していて、それぞれ、Google Home、HomePod、Facebook Portal、Amazon Echoという個人利用者の近い場所で音声などの入力により個人や企業の情報を収集し蓄積するIoTデバイスを発売しています。

他にネットワーク機器であるルーターで有名なCisco SystemsやPTC、salesforce.comなどもクラウドサービスを提供しています。また特に事業拡大しているのがMicrosoft社で、Azureというクラウドサービスを提供しています。

これらのクラウド事業者は、APIと呼ばれる接続インターフェースを公開したうえで、期間限定や機能限定で無料のサービスを提供しています。AIのモジュールを公開するなど特徴あるサービスを提供しながら自社の利用者を増やす戦略をとっています。

米国のデバイス

IoTデバイスで注目されているうえ、多く販売されているのは、Home Monitoring（ホームモニタリング）とHome Control（ホームコントロール）です。

Home Monitoringは部屋の温度や湿度を測定し、Home Controlでエアコンの温度を変更します。これらを既存のエアコンのリモコン信号を使ってコントロールします。

この分野はスマートサーボスタットと呼ばれ、MicrosoftやGoogleが家の中のさまざまな機器をコントロールするために、それぞれの規格を策定し、各企業と連携を図っています。例えば、Microsoft社はジョンソンエンドジョンソンと連携しています。また、Googleは、Nest Labsを買収し、この分野の覇権を握ろうとしています。

そのほか、**Home Control**としては後付けのドアキーが販売されています。

■ ホームコントロールイメージ

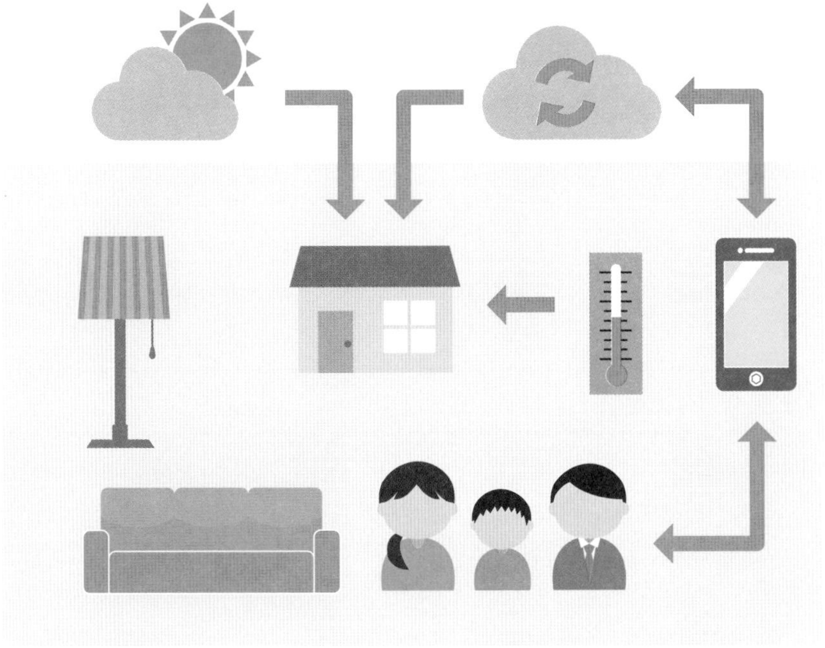

EC

ドイツはIndustry 4.0のパイオニアとして、多くの企業や研究機関が、Industry 4.0のアプリケーションやITシステム、ビジネスモデル構築を行っています。

このビジネスモデルは、ドイツだけでなく、日本、フランスの3か国が、「IoTユースケースマップ」と題して、さまざまなカテゴリで技術や事例が公開されています。

■ IoTユースケースマップ

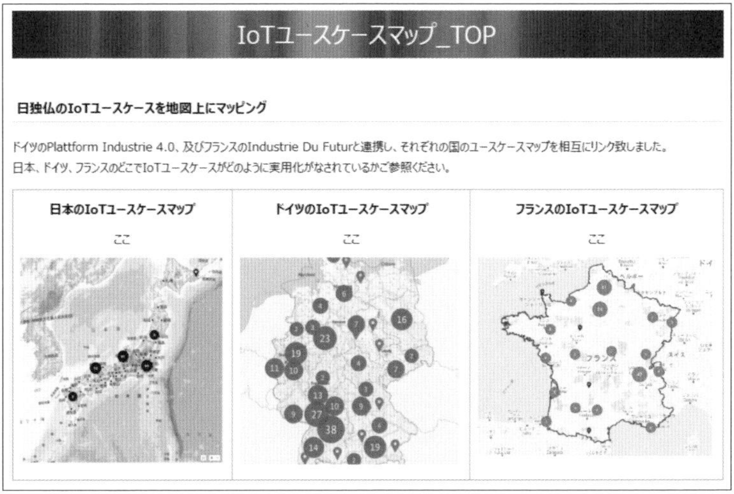

出典：ロボット革命イニシアティブ協議会

ドイツ以外

Industry 4.0で先行するドイツの他に、いくつかの分野での取り組みが行われています。例えば、アイルランドの「TryFit」という企業は3Dスキャナーで足のデータを測定し、その人にフィットする靴を提供するサービスを提供しています。

この企業ではオンライン上で登録された靴のデータとその人のデータをマッチングさせ、選択した商品がどの程度フィットするかという情報を視覚的に見せながら、商品を購入することができます。

中国

中国では、2019年6月から5Gの免許が発行され、2019年11月に通信業者3社がサービスを開始しました。

5Gを使うことで、さまざまな情報がより早く大量に送信できます。この中でも自動運転技術は、より具体化され注目度が増しています。

例えば、中国電気自動車メーカーの威馬汽車は、スマホ等モバイル端末で自動出入庫を実現させるバレットパーキングシステムを公開しています。これはホテルのフロントで車を預けるような感覚で、駐車場に止めることを車が自動的に行ってくれます。

模擬問題

3-20 米国におけるIoTの事業者には、GAFAと呼ばれる巨大な4社のIT企業があります。これらの企業はクラウド環境を保有しています。これらの4社で間違っているものはどれですか。

（ア）Google
（イ）Apple
（ウ）Facebook
（エ）ALPINE

3-21 ホームコントロール（Home Control）の解説として正しいのはどれでしょうか。

（ア）太陽光・風力・地熱・バイオマスなどの原子力発電などに替わる環境負荷の少ないエネルギーのこと
（イ）部屋の温度や湿度を測定し、エアコンの温度を変更するなど、家の中のさまざまな機器を制御すること
（ウ）Microsoft社が提供しているクラウド サービスの総称

▶▶ 解答 はp.126

25 法律

電波やデバイス、データ分析などといった技術を使うIoT製品を作る際や使う際に、法律を遵守する必要があります。悪意なく使い、法律違反やルール違反をしないように法律の知識を知っておきましょう。

電波法

電波法は、日本国内で電波を扱う際の法律です。この法律は「電波の公平且つ能率的な利用を確保することによって、公共の福祉を増進すること」を目的としています。

電波を利用しようとする者は、原則的には免許を必要とします。これは同じ地域で同じ周波数を使用すると、混信により消防や救急無線が妨げられ、消防車・救急車の現場到着などが遅れることで人の命に関わる重大事故にも発展する可能性があるためです。

また、電子機器の普及によりさまざまな機器が誤作動を起こすことがあります。

ただし、携帯電話等の普及に代表されるように、比較的狭いサービスエリアにおける無線通信の需要が増加している背景を受け、使用者の利便性の観点から例外的に免許が不要な**特定小電力無線局**があります。

特定小電力無線局とは、電波法に基づいた無線の免許や資格、届け出の必要がなく、使用・運用できる無線局のことです。例えば、無線LAN（Wi-Fi）の接続ポイントやBluetoothなどがあります。

センサーを使った通信の場合、省エネルギーかつ通信量が少ないため、この特定小電力無線局の範囲内で利用されることが多いです。

技適マーク（技術基準適合証明番号）

特定小電力無線局は、個人が勝手に開設できるわけではありません。

電波法で定められている技術基準に適合している証明を、事前に取得し、総務省令で定める表示である**技術基準適合証明番号（技適マーク）**を貼る必要があります。

前述の無線LANの接続ポイントやBluetooth機器、センサーデバイスとの中継器であるRaspberry Piにも技適マークが付与されています。皆さんがお持ちの携帯電話にも付与されており、内蔵のバッテリーを取り外したところに印刷されています。

■ 技術基準適合証明番号（技適マーク）

出典：https://www.soumu.go.jp/soutsu/chugoku/faq/personal.html#c02

製造物責任法（PL法）

製造物責任法（PL法）は「製造又は加工された動産」を対象とした法律です。「設計自体に問題があった場合」と「設計通りに製造されなかった場合」により、身体又は財産に係る被害が生じた場合における製造業者等の損害賠償の責任があることを明記しています。

PL法では、実際に製造を行った「製造事業者」、製造業者ではないが、そうであると誤認させている「表示製造業者」、輸入や販売などを考慮し実質的な製造業者と認められる「実質的製造業者」に責任が及びます。

動産を対象とするため、ソフトウェアは、PL法の適用外です。ただしIoT機器は、ハードウェアとセットになる場合が多いため、注意が必要です。

ドローン規制法（改正航空法）

ドローンによる事件や事故などのニュースが、新聞やテレビで報道されることがあります。人口集中地区や空港周辺などでのドローンの飛行は、国土交通省の許可が必要です。また特別の許可がない限りは、夜間飛行や目視外の飛行などいくつかの禁止ルールもあります。

オープンソースソフトウェアライセンス

IoTの機器は実証実験を始め、安価での取り組みを求められることが多いため、オープンソースソフトウェア（OSS）を使うことがあります。OSSとはソースコードの改変や再配布が可能なソフトウェアです。複製・配布・改良などの範囲は、OSSライセンスで定義されています。「OSSライセンス」の代表的なものに、GNU General Public License（GPL）などがあります。

クリエイティブ・コモンズ・ライセンス

クリエイティブ・コモンズ・ライセンスは、作品を制作した作者が「この条件を守れば私の作品を自由に使ってもよい」という意思を示す著作権ルールです。インターネットやコンピューターの発達により、著作物をコピーしたり再配布したりするということが多くなってきました。このため、改変禁止や営利目的で使用しないなど再配布などの流通において規定されたルールです。

模擬問題

3-22 次の説明の中で正しいものを選んでください。

（ア）電波の利用は、電波の強弱に関係なく必ず免許を必要とします

（イ）特定小電力無線局とは、個人が勝手に開設できます

（ウ）特定小電力無線局とは、電波法に基づいた無線の免許や資格、届け出の必要がなく、使用・運用できる無線局のことです

解答はp.126

模擬問題解答

3-1の解答　（イ）

解説　農業分野では、IoTの活用が最も期待されています。ビニールハウスにおける生育に必要な温度や湿度などのモニタリングとデータ分析等により、兼業農家や週末だけ作業をするサラリーマン農家の支援を行っています。

3-2の解答　（ア）

解説　（イ）のHEMSは、各家庭でのエネルギー管理システムです。（ウ）のFAは、製造業における生産の自動化を図るシステムです。

3-3の解答　（ウ）

解説　（ア）の受注や発注業務を効率化する仕組みは、EDIです。（イ）のIoTデバイスやシステムを使った実証実験はPoCと呼びます。

3-4の解答　（ア）

解説　（イ）は、プロセスイノベーションのことです。（ウ）は、イノベーションのジレンマのことです。これは、業界トップの企業が顧客のニーズに意見を傾け、製品の改善や改良を進めた結果、これまで考えつかなかった新興企業によるイノベーションに後れをとり需要を失ってしまうことをいいます。

3-5の解答　（ア）

解説　IoTを活用した課題対策の前に、構想が実現可能かどうかを判定するための実証実験のことです。このためのデバイスやソリューションが販売されています。

3-6の解答　（ア）

解説　デジタルツインは製造業だけにとどまらず、医療業な現実世界ではリスクが高い分野での活用も行われています。

3-7の解答　（イ）

解説　（ア）は、サイバーポリス（Cyber police）のことです。（ウ）は、サイバーセキュリティのことです。IoTの技術を活用するにおいて、企業内や協力企業を含めた多くのデータが蓄積することから、セキュリティ対策は十分に強化していく必要があります。

3-8の解答　（ア）

解説　医療の分野では、シミュレーションによる人工臓器と人体との適合性の評価が考えられています。また、薬品では国ごとの規制への対応などのテストへの適合が考えられています。

3-9の解答　（A）（イ）　（B）（ウ）

解説　デジタルツインという考え方ができたのは、センサーを基本としたIoTの技術が進んだからといえます。

3-10の解答　（ウ）

解説　Connected Industriesは、人、モノ、技術、組織等がさまざまにつながることで新たな価値を創出することが狙いです。

3-11の解答　（ウ）

解説　（ア）の自動走行の分野では、「トラック隊列走行」の実験が始まっています。（イ）のプラント・インフラの分野では、ドローン等最新機器を活用した保守点検の効率化が高まっています。（ア）と（イ）が逆です。

3-12の解答　（ア）

解説　（イ）のHEMSは、ホームエネルギーマネジメントシステムと呼ばれる電気の使用量を測定し節電につなげるシステムです。（ウ）のファッション分野におけるIoTは、消費者個々の好みに対応しつつ大量生産を実現する「マスカスタマイゼーション」に活用されています。

3-13の解答 （ウ）

解説 （ア）のウェアラブルデバイスは、2020年の東京オリンピックを目前にして各企業が技術を投入して進化し続けています。（イ）のウェアは、筋肉疲労度や心拍数から緊張状態を把握することはできますが、現時点では選手やコーチの思考そのものを伝えることはできません。

3-14の解答 （イ）

解説 （ア）のNASAではなく、NSF（米国国立科学財団）が、IoT/CPS（Cyber Physical System）に取り組むことを打ち出した後、多くのプロジェクトが立ち上がっています。（ウ）の「中国製造2025」では、省エネ・新エネ自動車、など10の重点分野と23の品目の強化を制定しています。

3-15の解答 （ア）

解説 平成28年度の「情報通信白書」によると、日本を含む6か国（日本、米国、英国、ドイツ、韓国、中国）の比較では、現状において米国のIoT導入率は40%を超えていますが、日本を含めた他国は20%前後です。一方2020年に向けた導入意向は、全体的に現状の2～3倍になると予想されています。

3-16の解答 （イ）

解説 （ア）は、「EU一般データ保護規則（GDPR）」と「EUデータ保護指令」の説明が逆です。（ウ）は、中国ではサイバーセキュリティ法案が可決されており、重要インフラの運用者に対して個人情報の国内保存義務および外部への移転を規制しています。

3-17の解答 （イ）

解説 （ア）は、現在世界中でさまざま方向からの標準化の取り組みが行われています。（ウ）は、標準化は企業の地位を高める狙いがあり、企業主導の標準化も多くあります。

3-18の解答　（エ）

解説 クラウド認証制度（FedRAMP）は、クラウドサービス調達のためのクラウドサービス事業者に対するセキュリティ基準です。その導入や防衛産業を中心としたデータのセキュリティ対策を定めています。

3-19の解答　（イ）

解説 Open Connectivity Foundation（OCF）には、Qualcommやシャープ、Sonyなどの家電メーカーやインテルなどが参画しています。

3-20の解答　（エ）

解説 Google、Apple、Facebook、AmazonをGAFAと読んでいます。これらの企業はプラットフォーマーとも呼ばれ、個人の行動や嗜好に合わせた情報を発信しています。

3-21の解答　（イ）

解説 （ア）は、再生可能エネルギー（Renewable Energy）のことです。（ウ）は、Microsoft Azureのことです。

3-22の解答　（ウ）

解説 （ア）は、電波を利用しようとする者は、原則免許を必要とします。ただし、特定小電力無線局という免許や届け出などが不要の場合があります。（イ）は、特定小電力無線局は、電波法で定められている技術基準に適合している証明を（技適マーク）を貼る必要があります。

4章

ネットワーク

IoTのネットワークでは、デバイスあたりのデータが少なく、多数のデバイスと通信を行う特徴があります。そのため、IoTではPCや携帯電話などのインターネットで利用されている技術だけではなく、省電力性や長距離通信、低コストなどに特化した技術も利用されています。この章では、IoTで使われている通信技術や通信規格、ネットワークの種類など、IoTのネットワークを構築するうえで必要となる、基礎的な知識について説明します。

26 ネットワークと通信技術

ここでは、ネットワークの基本やIoTで利用される通信プロトコルを紹介し、通信技術を目的ごとに分けて、通信距離、通信速度、消費電力などの特徴について説明します。

ネットワークとは

ネットワークとは、複数のコンピューターを接続して、相互に通信できるようにした状態のことです。有線ケーブルや無線通信などを通してコンピューターどうしを接続することで、情報の共有やメッセージの交換、処理の分散などが可能になります。

ネットワークの規模

ネットワークの規模には、個人周辺の機器間で通信を行う**PAN**（Personal Area Network）や、同じ部屋やビル内にある数台のコンピューターを接続した**LAN**（Local Area Network）、1つの都市全域をカバーする**MAN**（Metropolitan Area Network）、離れた場所のコンピューターやネットワークを接続した**WAN**（Wide Area Network）、世界的な規模でコンピューターを接続したインターネットなど、さまざまな形態があります。しかし、明確な基準は存在しないため境界は曖昧になっています。

通信プロトコル

異なる機器間で通信を行うためには、通信プロトコルや通信規格を揃える必要があります。IoTでは無線通信を利用した通信規格が多く利用され、目的や要件、導入する現場の環境を踏まえながら、適切なものを選択する必要があります。

IoTでは、とても多くのデバイスからデータを収集し、効率よく大量のデータを送受信する必要があります。その際にはインターネットが利用され、インターネットの通信プロトコルは**HTTP**（Hypertext Transfer Protocol）や、暗号化を行った**HTTPS**（Hypertext Transfer Protocol Secure）が最も使われています。

しかし、IoTでは多くのセンサーから少量のデータを、短時間に何十回も送信する必要があるため、通信手続きが簡略化されシンプルなメッセージの送受信を行う**MQTT**（Message Queuing Telemetry Transport）も利用されています。そのほかにも、信頼性の高い設計思想を用いてメッセージ送信を行う**AMQP**（Advanced Message Queuing Protocol）や、M2Mでの利用が見込まれている**CoAP**（Constrained Application Protocol）、HTTPと同じ扱いができ効率的にサーバーと双方向通信を行う**WebSocket**など、多くの通信プロトコルが存在します。

またHTTPプロトコルは、サーバーの情報を閲覧するインターネットでWebサイトを閲覧するときに主に使用されますが、IoTではモノからサーバーに対する通信、モノから他の機器やモノに対する相互通信も必要となります。

そこでMQTTなどの通信プロトコルが利用されていますが、ゲートウェイやファイアウォールなどの通信機器がMQTTに対応していない場合、HTTPと同じ扱いで通信ができるWebSocketの利点を利用し、MQTTのデータをゲートウェイやファイアウォールを通る箇所はWebSocketでカプセル化して通信するMQTT over WebSocketなども利用されています。

ネットワーク規模と通信規格

次の図は、ネットワークの規模と代表的な通信規格を図示したものです。それぞれに通信距離、通信データ量、消費電力などに特徴があります。

IoTのセンサーネットワークでは**LPWA**（Low Power Wide Area）と呼ばれる、省電力ながらも長距離通信が可能で、3GやLTEと異なり通信料がかからない通信規格が多く用いられています。

しかし、無線通信規格の選択肢は増加傾向にあり、こうすべきという答えは存在していません。

■ ネットワーク規模と通信規格

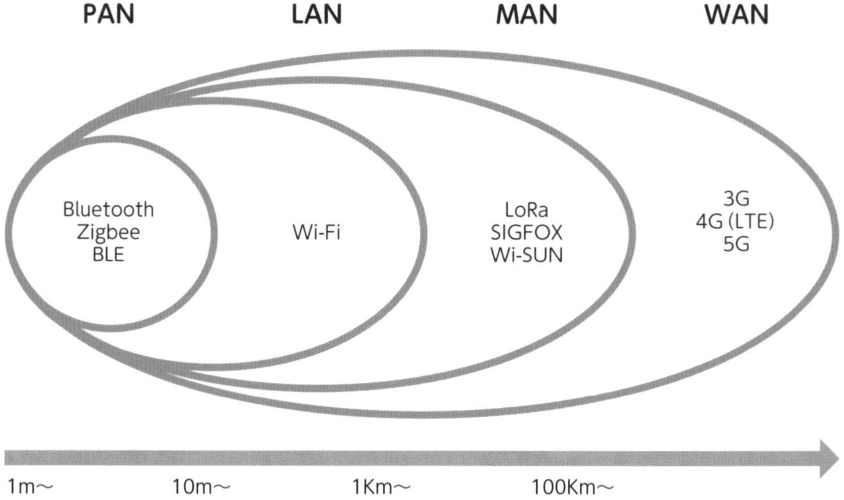

出典：https://academy.gmocloud.com/iot/20180412/5108

通信技術とは

通信技術とは、情報の伝達を行う技術のことを広く示し、技術的な進歩や発展が目覚ましい分野となります。ここからはIoT分野を支える通信技術を中心に紹介します。通信技術には、目的とされる用途や通信特性などに違いがあり、大きく長距離無線通信（WANやMAN）と近距離無線通信（LANやPAN）に分けることができます。

長距離無線通信

数Km以上の距離を通信することが可能で、携帯電話で利用されている3Gや**LTE**（Long Term Evolution）があり、LTEは4Gとも呼ばれています。特徴は、他の通信規格と比べると消費電力が大きいものの、通信可能エリアが人口カバー率ほぼ100%ととても広く、通信速度が速い（3G：〜14Mbps、4G/LTE：〜100Mbps）点にあります。また利用する際は、通信事業者と契約し通信料を支払う必要があります。

今後は次世代通信規格として、低消費電力と超高速通信（10Gbps〜）を実現する、**5G**の本格的な利用開始と活用が期待されています。

また、通信速度は低速（数百bps〜数百Kbps）ながらも、長距離通信（数Km〜数十Km）が可能な通信規格としてLoRa、SIGFOX、Wi-SUN（p.156参照）などがあり、LPWAと総称されています。LPWAでは通信料が不要で、ボタン電池や乾電池で数か月〜数年動作させせることができる点に特徴があります。

近距離無線通信

数m〜数百mの比較的近距離で通信する通信技術として、Wi-Fi、Bluetooth、Zigbeeなどがあります。IEEEという国際規格で定められている点は同じですが、それぞれに特徴が違いますので、個別に紹介していきます。

Wi-Fiは無線LANに関する規格で、消費電力は比較的大きく、数十m〜数百mの通信距離があります。周波数帯では2.4GHz〜60GHzを使用し、通信速度では11Mbps〜100Gbpsと、プロトコルによって使用する周波数と通信速度に違いがあります。

Bluetoothは数m〜数十mの通信距離があり、通信速度が数Mbps〜数十Mbpsあるため、音楽や音声など少し大きなデータを通信することができます。従来よりも消費電力を小さくした規格をBLE（Bluetooth Low Energy）と呼びます。

Zigbeeは通信距離が数十m程でBluetoothと似ていますが、通信速度が数百Kbpsと高速ではない代わりに、消費電力が小さい特徴があります、また最大で65,536個の端末と接続することが可能です。

通信規格ごとの位置づけ

次の図は、通信規格ごとの通信距離、通信速度、消費電力をポジショニングとしてまとめています。

どの通信が優れているのかではなく、適材適所で通信規格を選択する必要があります。例えば、ワイヤレスイヤホンなどの身の回りの機器と通信する場合はBluetoothがよく利用されます。IoTなど、広域に多数のセンサーを配置し少量のデータを通信する場合では、LPWA（LoRaやSIGFOXやWi-SUN）が多く利用されています。他にも工場や施設の範囲で高速な通信速度を行う場合では、Wi-Fiが多く利用されています。

■ 通信規格ごとの位置づけ

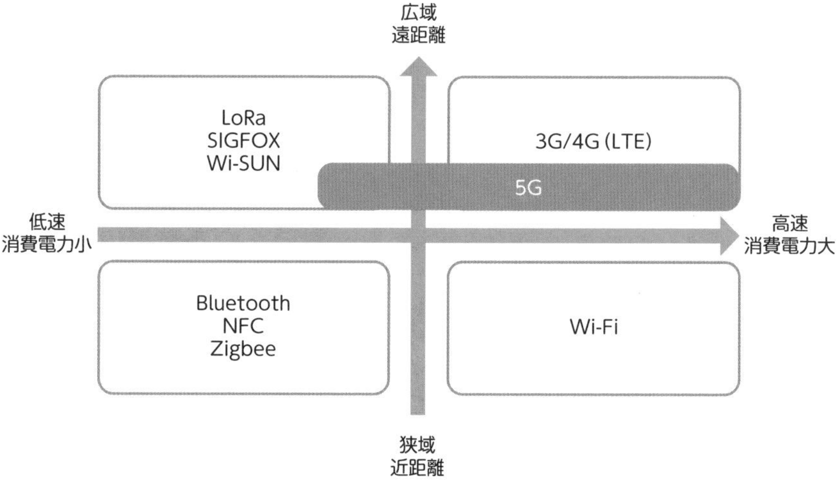

出典：https://www.soumu.go.jp/johotsusintokei/linkdata/h29_03_houkoku.pdf

COLUMN 周波数

無線通信では「電波（電気エネルギーの波）」によって情報を伝達しています。元が電気エネルギーのため、金属では反射し、水分には吸収される性質を持ちます。

電波の単位は、1秒間に発生する波の数を「周波数」と呼び、Hz（ヘルツ）で表しています。例えば1秒間に5回上下の波が起こると5Hzとなり、1KHz（キロヘルツ）は1000Hz、1MHz（メガヘルツ）は1000KHz、1GHz（ギガヘルツ）は1000MHzとなります。

■ 周波数

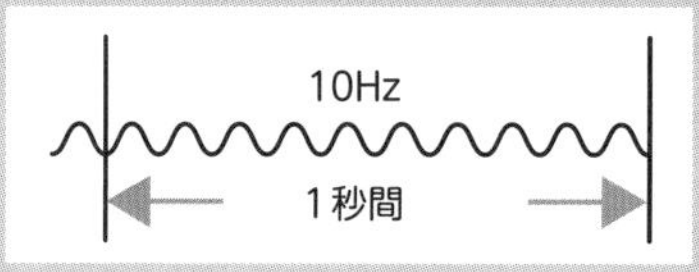

模擬問題

4-1 ネットワークに関する説明として正しいものを選んでください。

（ア）ネットワークとは異なる機器を、無線通信で接続された状態のみを指す
（イ）異なる機器間を通信する場合、プロトコルや通信規格を揃える必要はない
（ウ）通信規格には特徴があるため、現場に合ったものを選択する必要がある

4-2 ネットワーク規模の説明について正しいものを選んでください。

（ア）PANとはインターネットなど、世界中の機器と通信を行う規模である
（イ）LANとは企業や施設内など、限られた範囲で通信を行う規模である
（ウ）MANとは個人のスマートフォンとイヤホンなど、個人近辺で通信を行う規模である

4-3 通信技術に関する説明として正しいものを選んでください。

（ア）長距離無線通信で使用されるLTEは、消費電力が少ないことに特徴を持つ
（イ）無線LAN通信は、大容量のデータを送信する場合に、多く用いられる
（ウ）LPWAとは消費電力に関係なく、長距離通信を行うために用いられる

4-4 通信技術の説明について正しいものを選んでください。

（ア）LPWAと呼ばれる通信規格では、ボタン電池や乾電池で動作させることができる
（イ）Bluetoothは通信速度が速く、数百Km程度の通信範囲がある
（ウ）Wi-Fiは通信距離が長いため、LPWAと呼ばれる通信規格となる

▶▶ 解答 はp.158

27 WAN (インターネット接続)

ここでは、WAN (Wide Area Network) とインターネット接続について説明していきます。日頃からなじみ深いインターネットについて、通信方法や通信機器などの説明をしていきます。

WAN (インターネット接続とは)

WAN (Wide Area Network) とは、遠く広い範囲や世界規模のネットワークのことをいいますが、狭義にはLANとLANを接続したネットワークのことを指し、広義には世界中の機器をつないだインターネットと同じ意味を指します。

WANの利用

LANではネットワークの構築、管理、運用は自ら行うことになりますが、WANではネットワークの構築や管理、運用はキャリアと呼ばれる電気通信事業者が行います。ユーザーはキャリアが提供するサービスを利用することになり、キャリアとの契約と利用料金が必要になります。

WANの種類

WANのサービスは大きく3つに分かれます。専用線サービスは、物理的な回線をユーザーが占有して通信することができ、セキュリティは高いがコストも高い特徴があります。

回線交換サービスは、主に電話などで利用されている電話回線や公衆回線網を利用し、通信の利用量に応じた従量課金となります。セキュリティは低いがコストが安いという特徴があります。

パケット交換サービスは、主にインターネットで利用され、1本の物理的な回線を複数のユーザーで共有して通信を行うことで、回線交換よりもセキュリティや信頼性が高く、専用線よりも安価な特徴があります。

WANのイメージ図

次の図では狭義な意味でのWANと広義な意味でのWANを図示しています。どちらもLANでは通信できない広域で通信を行うものですが、明確な使い分けは行われていません。

LANとWANの間には、モデムやルーターと呼ばれるインターネットに接続するための機器を使用します。またWAN環境では、世界中の機器と簡単に通信を行うことができるため、便利ではありますが情報セキュリティに対して考慮する必要があります。

■ WANのイメージ図

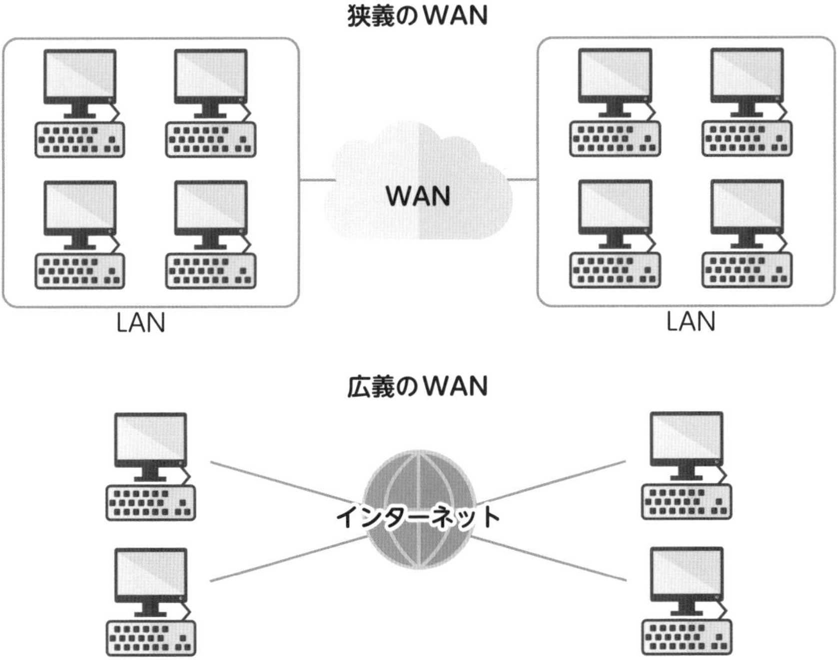

WANの通信方法

インターネットで標準的に利用されている通信プロトコルに**TCP**（Transmission Control Protocol）と**IP**（Internet Protocol）があります。

TCPは通信相手と1対1の接続を確立し、データ通信の際にデータの受信確認や再送の処理も行うため、信頼性は高くなりますがデータ転送速度が遅くなることがあります。また通信相手と1対1の接続を確立させずに、受信確認や再送の処理も行わずにデータ転送速度を高めた**UDP**（User Datagram Protocol）もあり、用途によって使い分けがされています。

IPは、送信元や相手先を現実世界でいう住所の意味を持つIPアドレスに基づいてデータを送信します。**IPアドレス**は世界中で重複のない番号が使用されているため、これにより指定の相手先と通信を行うことができます。

WANの通信機器

インターネットに接続するためには、LAN内で使用されるもの、異なるネットワークをつなぐものなど、さまざまな機器を経由して通信を行います。

リピーターはLANの伝送距離を伸ばすために使用され、LAN内でデータを転送する場合は**ブリッジ**を使用します。LANとLANやLANとWANなど異なるネットワーク間で通信する場合、**ルーター**が配送処理（ルーティング）を行います。また異なるプロトコル間で通信を行う場合は、**ゲートウェイ**を使用してプロトコルやデータ形式を変換して通信を行います。

OSI参照モデル

OSI参照モデルは、コンピューターの持つべき通信機能を階層構造に分割し、異なるベンダー間で相互通信するため国際標準化機構（ISO）によって統一規格として策定されました。OSI基本参照モデル、OSIモデルなどとも呼ばれ、通信に必要となる機能を7つの階層に分けてそれぞれのプロトコルが定義されています。さまざまな通信機器はどの層をつなぐかによって、対応している機器が違ってきます。

各層はレイヤーとも呼ばれ、第1層（レイヤー1）は物理層、第2層（レイヤー2）はデータリンク層、第3層（レイヤー3）はネットワーク層、第4層（レイヤー4）はトランスポート層、第5層（レイヤー5）はセッション層、第6層（レイヤー6）はプレゼンテーション層、第7層（レイヤー7）はアプリケーション層となります。

OSI参照モデルとネットワーク機器

異なるネットワークどうしを接続するため、ネットワークを相互接続する機器が必要になります。プロトコルによって使用する機器が違うため、OSI参照モデルのどの層をつなぐかによって、使用するネットワーク機器は異なります。ハブやリピーターは第1層、スイッチングハブやブリッジは第2層、ルーターは第3層、ゲートウェイは第1層から第7層まですべての層を中継します。それぞれの役割に合わせて、適切に構成していくことが必要になります。

エッジコンピューティングとフォグコンピューティング

WANの構成では機器がそれぞれインターネットに接続していますが、IoTでは多くのデバイスがインターネットに接続され、多量のデータを取り扱うことが想定されます。

多くのデバイスを直接インターネットに接続すると、ネットワークの負荷が大きくなって通信料が多くかかってしまったり、多量のデータを処理するサーバー側の負荷が大きくなったりと、IoTならではの課題が出てきます。そこでインターネットに接続する前にデータを処理する、エッジコンピューティングやフォグコンピューティングの考え方が利用されています。

■ エッジコンピューティングとフォグコンピューティング

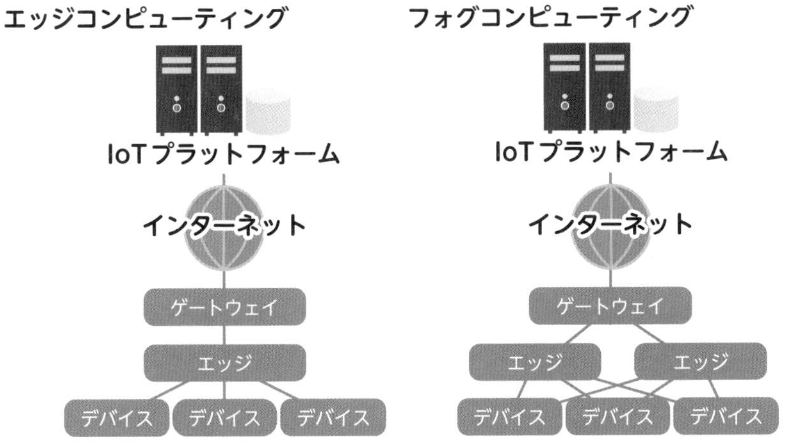

p.137の図はエッジコンピューティングの構成例とフォグコンピューティングの構成例となります。インターネットに出る前にエッジデバイスを配置する点は同じですが、フォグコンピューティングはエッジが複数個配置されることが特徴となります。多量のデータを扱う場合や、画像データなどデータサイズの大きいデータを処理する場合、AIなど複雑な処理を行う場合など、多くの利用シーンにおいて、適したネットワーク構成が組まれています。

エッジコンピューティング

エッジコンピューティングとは、現場側に近い場所に処理能力の高いコンピューター（エッジ）を設置し、IoTプラットフォームにデータを送る前にエッジ側でデータ処理を行う考え方となります。

IoTのシステムでは、多数の機器が接続するため、接続回数や処理するデータ量が膨大になり、IoTプラットフォームでデータを集約・処理を行う場合、通信料やクラウドサービスの利用料金が増加したり、ネットワークや処理の遅延などの問題が起こったりする場合があります。エッジコンピューティングを利用することで、これらの問題を避け、データ処理のリアルタイム性の確保、ランニングコストの低減などのメリットを得ることができ、またインターネットに出す前にデータを加工することができるため、セキュリティの観点からもメリットがあります。

フォグコンピューティング

フォグコンピューティングとは、米Cisco Systems社が提唱した、複数台のエッジを利用して分散処理を行う考え方をいいます。クラウド＝cloud（雲）との位置関係からフォグ＝fog（霧）という表現が使われています。

大量のデータをIoTプラットフォームに送信する前に処理することで、上位システムやクラウドへの負担集中を回避することを意図している面ではエッジコンピューティングと似ていますが、複数のエッジを配置する点に違いがあります。

フォグコンピューティングはエッジコンピューティングの進化版ともいえ、より大量のデータを扱うことができたり、複雑な解析などを行うことができたりと、大規模なネットワークを構築する際に用いられることが想定されています。

模擬問題

4-5 インターネット通信の説明について正しいものを選んでください。

(ア) インターネット通信を行っても費用は発生しない

(イ) ネットワークの構築、管理などはユーザーが行う

(ウ) ユーザーは通信事業者が提供するサービスを利用する

4-6 インターネット通信の機器と通信プロトコルの説明について正しいものを選んでください。

(ア) ブリッジは異なるネットワークを接続する機器である

(イ) インターネット通信では、TCP/IPが広く利用されている

(ウ) UDPは信頼性は高いが、通信速度が遅い特徴を持つ

4-7 エッジコンピューティングの説明について正しいものを選んでください。

(ア) IoTプラットフォームにデータを送る前にコンピューターで処理をする

(イ) 複数のコンピューターを介すため、リアルタイム性は劣るが処理性能は向上する

(ウ) 多くの機器と通信するため、ランニングコストは高くなる

4-8 フォグコンピューティングの説明について正しいものを選んでください。

(ア) 単一のフォグデバイスで処理を行う

(イ) エッジコンピューティングよりも小規模なネットワークに適している

(ウ) フォグコンピューティングは複数のエッジデバイスで構成される

▸▸ 解答 はpp.158-159

28 3G/4G/5G

ここでは、IoTにおける移動通信技術としても注目され、主にスマートフォンや携帯電話で使用されている通信技術である3G/4G/5Gを説明します。

3G/4G/5Gとは

3G/4G/5Gとは、主に携帯電話で利用される通信システムのことで、例えば3Gであれば第3世代移動通信システムと呼ばれ、「G」はGenerationの略で世代を意味します。それぞれの世代ごとに国際電気通信連合（ITU）が規格を定めています。

モバイル通信でやり取りされる情報量は年々大きくなり、それに合わせて通信速度が速い規格が誕生しています。過去には1Gや2Gと呼ばれる規格もありましたが、現在は3G以上が主流ですので、ほとんど使われることはありません。

また5Gはこれから市場で使用される規格ですが、IoTにおいても注目されています。

3G

3Gは、IMT-2000という規格にのっとり、2001年にNTTドコモがFOMAのサービスを開始したことでスタートしました。今までの通話機能に加えて、インターネットやテレビ電話などが利用できるようになった点が大きな違いになります。しかし、現在ではスマートフォンがメインとなり、3Gでは通信速度が遅いため、主流は4G（LTE）になっています。

3Gは障害物に強く広い人口カバー率を誇るため、その特徴を生かして4G（LTE）の通信ができない場合に3Gに切り替えて通信するなど、補完的に利用されることが多くなっています。

移動通信システムの変遷

次の図では、移動通信技術の変遷を表しています。第1世代はアナログ通信でしたが、第2世代以降からデジタル通信になり、飛躍的に通信速度が向上しています。

第2世代ではガラパゴス携帯で電子メールやインターネットができるようになり、第3世代ではNTTドコモのサービス「iモード」が人気となり、携帯電話向けの音楽やゲームの配信もスタートしました。

第4世代ではインターネットコンテンツもますますリッチ（大容量）になり、スマートフォンを中心としたさまざまなサービスが増加しています。

■ 移動通信システムの変遷

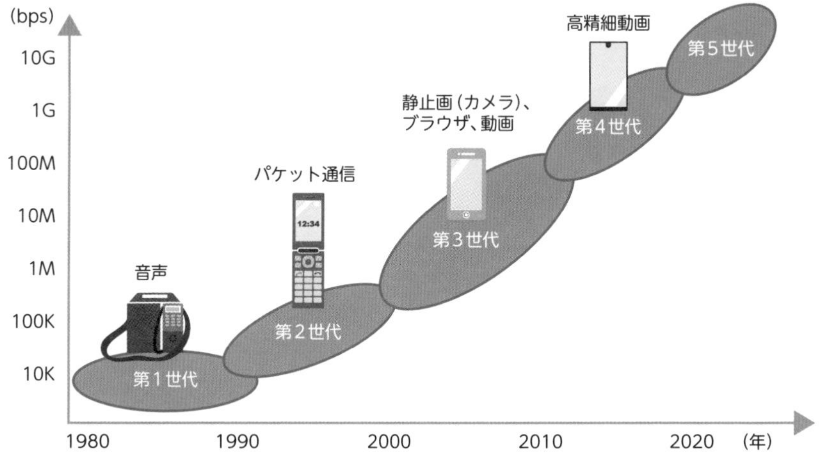

出典：https://www.soumu.go.jp/main_content/000397027.pdf

4G

4Gは、「IMT-Advanced」という規格にのっとり、2015年にNTTドコモが「LTE-Advanced」のサービスを開始しました。そのほかにKDDIグループであるUQコミュニケーションズが展開する「WiMAX2」も承認されています。

3Gからさらに高速化、大容量化を行うにあたり、4Gまでのつなぎとして3.9G

の通信規格でLTE（Long Term Evolution）と呼ばれるサービスがありましたが、国際電気通信連合がLTE（3.9G）を4Gと呼ぶことを認めたため、現在では「4G LTE」などと呼ばれることもあり、明確な区別を行っていません。

3Gよりも通信速度は数倍以上に高速化されていますが、電波が障害物に弱いという特徴もあります。

5G

5Gは、次世代移動通信システムの総称で、国際電気通信連合が定める4G以降の通信規格全般に対して使用されています。現在は世界中で研究開発や実証実験が行われており、2020年頃にはサービスとして実用化されると期待されています。

特徴は、大容量化、10Gbpsを超える高速通信、多接続、低消費電力、低コストと、自動運転やスマートシティなど身の回りのありとあらゆるモノがインターネットに接続する、これからのIoT時代に求められる通信システムとして期待されています。

5GとSociety 5.0の実現

5Gは、内閣府により提唱されたSociety 5.0「サイバー空間（仮想空間）とフィジカル空間（現実空間）を高度に融合させたシステムにより、経済発展と社会的課題の解決を両立する、人間中心の社会（Society）」を実現するICTプラットフォームとされています。

産業用ロボット制御や自動運転、遠隔診療などさまざまなところで実験が行われ、最近では、ラグビーワールドカップ2019で4Kカメラの映像を生中継番組に利用する実験などが行われました。今後も地域や社会的な課題の解決に5Gの通信規格が活用されることが期待されています。

模擬問題

4-9 3G/4G/5Gのそれぞれの特徴の説明について正しいものを選んでください。

（ア）4GとLTEは規格上は別物だか、同じものとして呼ばれることが多い
（イ）3Gでは通信速度が遅いため、インターネットを利用することは難しい
（ウ）5Gは通信速度が速すぎるため、IoTでの利用は不向きである

4-10 移動通信システムの説明について正しいものを選んでください。

（ア）3Gは4Gよりも障害物に強く、広い範囲で通信を行うことができる
（イ）2Gはアナログ回線を利用した規格で、電子メールやインターネットを行うことはできない
（ウ）WiMAX2は3Gとして承認され、サービスを行っている

4-11 移動通信システムの用途について、正しいものを選んでください。

（ア）3Gが利用されることはほとんどない
（イ）4Gはスマートフォンを中心に利用されている
（ウ）5Gは自動運転でのみ利用される

4-12 4G/LTEの特徴について、正しいものを選んでください。

（ア）4Gでは3Gと比べて通信速度が上がっている
（イ）3Gよりも広範囲で通信ができる
（ウ）4GとLTEは同一の通信規格である

4-13 5Gの特徴について、正しいものを選んでください。

（ア）5Gがもつ特徴は大容量通信だけである
（イ）5Gは大容量の携帯電話向け通信として期待されている
（ウ）Society 5.0の実現するICTプラットフォームとされている

▶▶ 解答 はpp.159-160

29 PANの技術とセンサーネットワーク

ここでは、PAN（Personal Area Network）とそれを利用した複数のセンサーを無線でつないだセンサーネットワークについて説明します。

PANとは

PANとは、Personal Area Networkの略で、数メートル程度の範囲で通信を行うなど非常に小さなネットワークのことを意味します。近距離で通信を行うため、低消費電力で通信を行うことができる特徴があります。IoTでは低消費電力の特徴を生かして、複数のセンサーノードやデバイス間の無線ネットワークで使用されています。

なお、ノード（node）とは、ネットワークを線（伝送路）と点（装置）で表した場合の点のことで、通信機器やコンピューター、個々の機器などがこれにあたります。

センサーネットワークとは

センサーネットワークとは、複数のセンサーが接続されたネットワークを指し、主にセンサーデバイスを無線で通信させることでネットワークを構築し、Wireless Sensor Networks（WSN）と呼ばれています。最近では、センサーからの情報を集約し、簡単な情報処理機能と通信機能を有するスマートセンサーなども登場しています。

PANの種類

PANは、個人で利用するデバイスどうしをつなぐなど、比較的近距離の通信を指します。身近な例として、ワイヤレスのヘッドフォンやイヤホンなどの機器どうしを接続する場面でよく見られるBluetooth、交通系の非接触方式のICカードで利用されているNFC（Near Field Communication）、リモコンなどで利用されている赤外線通信やZigbeeなどがあります。

Bluetoothは、その中でも低消費電力に特徴を持つ**Bluetooth Low Energy**（**BLE**）の登場により、無線ビーコンや電子クーポンサービスなど、スマートフォンとの通信やIoTでのデバイス間の通信など、利用の幅が広がっています。

PANのイメージ図

次の図ではPANのシステムイメージを表しています。センサーノードには、センサーと近距離無線通信の機能が備わり、ゲートウェイを通してインターネットへ接続し、クラウドサービスなどにデータを蓄積します。これにより管理者は遠隔地の様子を離れた場所からパソコンやスマートフォンでモニタリングすることができるようになります。

またセンサーノード間でデータを中継し、バケツリレーのように渡すマルチホップなどの技術を使い、広範囲に及ぶ通信を可能にしたり、通信の信頼性を向上させることを可能にしたりと、IoTのネットワークではさまざまな形のネットワークが組まれることがあります。

■PANのイメージ図

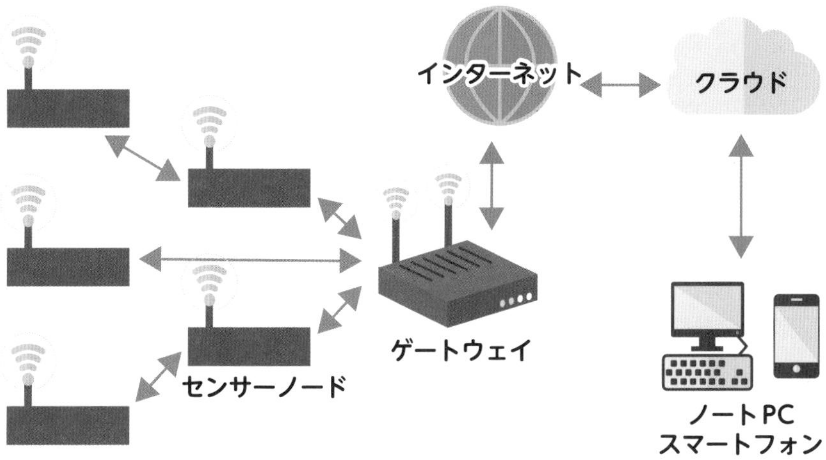

ワイヤレスセンサーネットワークの利用例

ワイヤレスセンサーネットワークでは、複数のセンサーを無線ネットワークで構成することにより、配線やケーブルの敷設をすることなく、ネットワークを構築し、遠隔地の計測データを収集して、現状を見える化することができます。代表例として、野外での環境モニタリング（温度・湿度・照度・雨量）、店舗やビルの照明や空調の監視、工場の電力監視、倉庫位置管理など、離れた場所からセンサー情報を見ることに利用されています。

主にBLEやZigbee、LPWA（Low Power Wide Area）などの、小型で省スペース、消費電力が低く長時間のバッテリー駆動が可能な通信規格が多く利用されています。

近距離無線通信による位置検出

IoTで注目される利用方法として、無線通信は通信する機器どうしが近くなると電波強度が強くなり、遠くなると電波強度が弱くなるため、これを利用して無線の電波強度から特定のデバイスとの距離を検出する利用法があります。この場合の通信規格は、主にBluetooth（BLE）やWi-Fiの通信規格がよく使用されています。

特定のデバイスとの距離を検出できると、GPSの届かない地下などの場所で位置測位などに利用され、例えば、スマートフォンを持つ人の距離を検知してクーポンを発信し店内へ誘導したり、工場や倉庫などで作業員やフォークリフトなどの位置および動線を管理したりできるようになります。

Zigbeeとは

Zigbeeとは、IEEE802.15.4で定義された無線規格で、世界共通の2.4GHzの周波数帯が最も利用されています。

通信距離は20〜30m程度が多く、低消費電力の特徴を生かした、センサーネットワークの構築を主目的とする通信規格の1つです。身近なものではリモコンの送受信に使用されていることがあります。

また1つのネットワークに最大で65535ノード（端末）が接続できる特徴を持ち、ノード間を経由して通信を行うマルチホップ通信によるメッシュネットワークを構築し、直接電波の届かない範囲の通信を行ったり、ノードが故障した際に別のノードを経由して通信を行ったりすることができます。

NFCとは

NFCとは、Near Field Communicationの略称で、いわゆるICカードと呼ばれ、カード側には電池を持つことなく通信することができる特徴があります。短波HF帯（13.56MHz）の周波数帯を利用し、通信距離は最大数cm程度の近距離無線通信技術です。通信速度は最大424Kbpsと比較的低速であり、通信距離が特に短いため、「かざす」動作をきっかけにしたわかりやすい通信手段として、交通系のICカードとして活用されています。

またNFCの互換規格で、ソニーが開発したFeliCaがあります。これは無線方式はNFCと同様ですが、完全互換ではないため利用する際に注意が必要になります。

Z-Wave

Z-Waveとは、デンマークのZensysという企業が2003年にIoT用の無線規格として開発し、周波数帯は920MHz帯を利用しています。通信距離は30m程度で、主に欧州や米国を中心にスマートホーム・スマートハウスと呼ばれる、防犯センサーや家電のコントロールなど、自宅の電化製品を制御する用途で利用されています。特徴は、920MHzを利用しているため、家庭でよく使われているWi-Fiと干渉しない、Z-Wave認証済み製品は完全互換のため他社製品でも通信可能である点にあります。

マルチホップ通信のイメージ図

次の図では、センサーデータをセンサーノード間でバケツリレーのように渡していくマルチホップ通信のイメージを表しています。センサーノードに中継器の役割を持たせることで、バケツリレー方式でデータ転送を行いながら通信をします。

これにより、例えば図のゲートウェイとセンサーノードAのように、直接的に電波の届かない機器とも中継（センサーノードB）を経由することで、通信を行うことができます。また、例えば図のセンサーノードCとD間のように、1つの経路に通信障害が起きた場合に、別ルート（センサーノードE）を経由することで通信を行うことができたりします。

これらの効率的で信頼性の高い通信を行うことができる特徴と、低消費電力で電池で長期間動作する特徴を生かして、インターネットに接続できない場所（山間部や地下、建物内）での通信手段として、活用されています。

■ マルチホップ通信のイメージ図

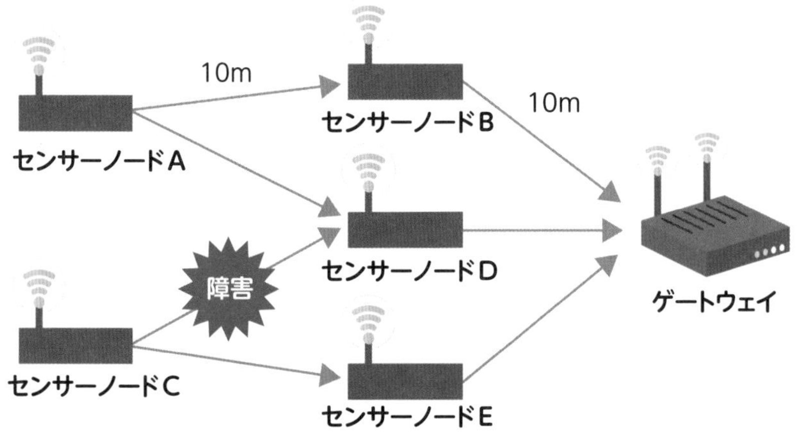

PAN技術のメリット

PANの各技術規格の特徴として、一番大きなものは「**省電力**」です。これによりボタン電池や乾電池などでも長期間の動作が可能で、メンテナンスを含めたトータルコストを下げることが可能です。またWANの技術と比べると「通信料がかからない」ため、安価に利用ができ、気軽にネットワークを構築することが可能です。複数の端末と通信ができる特徴を生かして、インターネットが通じない地下や建物内での通信においても活用されています。

またネットワークの世界では、意図しない通信を行わないことが求められる場合があるため、一見デメリットのように見える「近距離通信」も、意図しない機器と通信しないメリットとして活用されています。例えば駅の改札にはNFCの技術が使われていますが、通信範囲が1センチ程度のため、余計な通信が発生せずに対象を認識する場面などで活用しています。

PAN技術の注意点

PANにおける最大のデメリットは、通信できるデータ量が小さい点にあります。センサーデータやIDなどの軽いデータを通信することには向いていますが、画像などの大きなデータを通信するときには不向きとなります。

模擬問題

4-14 PANの説明について正しいものを選んでください。

（ア）PANでは広範囲に及ぶ通信が必要になるため、消費電力は大きくなる
（イ）複数のセンサーノード間で通信を行うことは技術的に難しい
（ウ）PANは近距離無線通信のことを指し、代表的な技術としてBluetoothなどがある

4-15 センサーネットワークの説明について正しいものを選んでください。

（ア）センサーネットワークでは、必ず配線やケーブルの敷設を行う必要がある
（イ）センサーネットワークでは、各々のセンサーノードがインターネットで通信を行う
（ウ）センサーネットワークは、遠隔地のモニタリングなどに利用される

4-16 PANの技術に対する説明について正しいものを選んでください。

（ア）NFCは数mの範囲で通信する際に利用される
（イ）Zigbeeはインターネットに接続するために利用される
（ウ）Z-Waveは主にホームネットワークで利用されている

▶▶ 解答はpp.160-161

30 ワイヤレスセンサーネットワークの技術

ここでは、センサーネットワークを構築するうえで必要になる役割と構成例を紹介しつつ、実現するうえでの課題や適用分野について説明します。

ワイヤレスセンサーネットワークの構築

複数のセンサーデバイスが無線通信で接続されたネットワークであるセンサーネットワークでは、末端でセンサーや制御機能がある**エンドデバイス**、データの中継を行う**ルーター**、ネットワークに1つ存在し全体のデータを集約する**コーディネーター**の役割が必要になります。エンドデバイスどうしで通信することはないため、ルーターやコーディネーターと通信を行います。またエンドデバイスだけではなく、ルーターやコーディネーターがセンサーを持つこともあります。

ネットワークの形態(トポロジー)には、エンドデバイス、ルーター、コーディネーターの通信の仕方の違いで、複数の形態があります。1対1型、スター型、ツリー型、メッシュ型、リニア型などそれぞれが特徴を持ち、接続機器台数、通信を行う距離、障害への強さ、転送できるデータ量、消費電力などから、要件に最適な形態をとる必要があります。

ワイヤレスセンサーネットワークの課題

ワイヤレスセンサーネットワークを構築していくうえで、注意する必要がある点として消費電力の問題があります。

電源が確保できないエリアで利用されることが多いため、電源は主に電池が使用されています。

電池交換のメンテナンスコストを低減させるために、エンドデバイスをできるだけ長期間稼働させたい要望があります。そのため、消費電力の小さい通信規格（PANや広域無線通信）や電源を必要としない通信規格が使用されたり、消費電力の小さいセンサーを使用したり、エンドデバイスの通信頻度を下げたりと、さまざまな対応を行う必要があります。

もう1つの注意点として、通信の統制をとる必要があります。1つ1つのデータ通信量は少ないですが、IoTでは大量のエンドデバイスが接続されるため、その膨大なデータによるネットワーク負荷やサーバー負荷を軽減させる必要があります。

エンドデバイスからの通信を必要最低限にしたり、データを受けるサーバーと処理するサーバーを分けて負荷分散をしたり、エッジコンピューティングを利用して処理済みのデータを通信したりと、さまざまな対応を行う必要があります。

また無線方式の統一や電波干渉への配慮なども、実際のセンサーネットワークを構築するうえでは、必要となります。

ワイヤレスセンサーネットワークの形態

次の図は、ワイヤレスセンサーネットワークの形態を表しています。

1対1型ではエンドデバイスとコーディネーターが1対1で通信を行いますが、複数のエンドデバイスと1対Nで接続する場合、星形に見えることから**スター型**と呼ばれています。

ツリー型ではエンドデバイスとコーディネーターの間でルーターが中継し、木の枝のように分岐し、より多くのエンドデバイスと接続することが可能となります。

ルーターとコーディネーターが網目状に接続される**メッシュ型**では、エンドデバイスが複数の通信経路を持ち、通信経路に障害が起きた場合でも別の通信経路でデータ通信を行うことができることから、障害に強い特徴があります。

リニア型では、1列にルーターを配置することで、長い距離の通信を行うことができる特徴を持ちます。

■ワイヤレスセンサーネットワークの形態

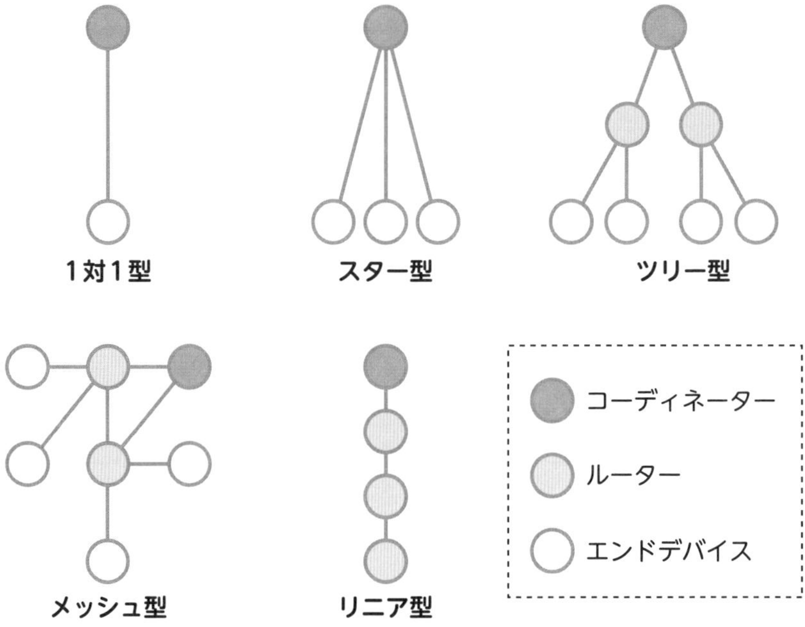

ワイヤレスセンサーネットワークの信頼性

ワイヤレスセンサーネットワークの技術は、災害対策、防犯、農業、環境モニタリング、医療、福祉、工場／オフィス、家庭、保守/保全、交通など、ありとあらゆる分野で適用される可能性があります。センサーや通信の高度化、設置や維持のコスト面の改善などが行われることで普及が進み、さまざまなアプリケーションの登場や利用シーンの拡大が予想されます。

使用されるシーンによっては高い安全性や信頼性が求められるケースがあります。冗長性を確保しデータの損失を回避するフェイルオーバーの機構を備えることや、問題が起きたときにどうするかのフォールトトレランスの考え方も必要となります。例えば、メッシュネットワークで複数の通信経路を用意しておく、重要なデータの場合はエンドデバイスを複数用意する、電池の電圧をモニタリングして寿命を知らせるなどがこれにあたります。

同時に、通信におけるセキュリティに対して対応を行う必要もあります。情報漏えいの観点だけでなく、受信されたデータに変更や改ざんがなく問題なく送られていることや、予定されていた送信元から送られていることなどを確認することで、データの信頼性を上げていくことも重要となります。

模擬問題

4-17 ワイヤレスセンサーネットワークの形態の説明について正しいものを選んでください。

(ア) メッシュ型のネットワークでは、ルーターとコーディネーターが網目状に通信を行う

(イ) リニア型のネットワークでは、エンドデバイスとコーディネーターが1対1で通信を行う

(ウ) スター型のネットワークでは、星形のようにエンドデバイスどうしが相互に通信を行う

4-18 ワイヤレスセンサーネットワークの説明について正しいものを選んでください。

(ア) ワイヤレスセンサーネットワークは限られた分野での利用が期待されている

(イ) ワイヤレスセンサーネットワークではネットワーク負荷を軽減するため通信頻度の検討も必要となる

(ウ) ワイヤレスセンサーネットワークを構築する場合、消費電力を考慮する必要はない

4-19 ワイヤレスセンサーネットワークの特徴について間違っているものを選んでください。

(ア) ワイヤレスセンサーネットワークを構築する場合、適切な形態（トポロジー）をとる必要がある

(イ) 無線方式の統一や電波干渉への配慮も必要となる

(ウ) ワイヤレスセンサーネットワークでは信頼性が求められることはない

▶▶ 解答 はp.161

31 LPWA

ここでは、遠距離の通信を低消費電力で行う無線通信方式のLPWA（Low Power, Wide Area）の特徴と種類について紹介していきます。

LPWAとは

LPWAとはLow Power, Wide Areaの略で省電力広域ネットワークと呼ばれ、LoRa、SIGFOX、NB-IoTなどさまざまな通信規格がありますが、少ない消費電力で数キロ～数十キロの広い範囲で通信が可能な特徴を持ちます。通信速度は100bps～数十Kbps程度と、他の通信技術に比べると遅いですが、通信料がかからない、電池だけで年単位の長期間稼働が可能、コストが安いなどの理由から、IoTの世界では多くの注目を集めています。

例えば、山林や河川の監視といった広範囲でのIoTネットワークを構築する場合、BluetoothなどのPANの技術では通信距離が短いため、多くの中継器が必要となります。また、3G/4Gなどの携帯回線では広域をカバーすることはできますが、通信利用料が発生する点や通信モジュールが高コストである点や消費電力が大きい点が懸念となります。このようにLPWAは電力供給が難しい屋外や地下など携帯回線が届かない場所で、広域にわたって通信を行う場合に適しています。

LPWAのイメージ図

IoTの普及と共に、さまざまなLPWAの規格が出現しています。それぞれに周波数帯、通信距離、省電力性、通信速度などに特徴がありますが、ネットワークの構築にも差があります。LoRaやWi-SUNの場合、ゲートウェイからサーバーまでを自社で用意する必要があるため、自由な構成が組める代わりにコストの負担が発生します。SIGFOXでは基地局からクラウドサーバーまでを京セラコミュニケーションシステムが提供しているため、簡単に利用できる代わりに構成に一定の制限があります。NB-IoTでは携帯事業者の既存の基地局を利用するため、広い通信範囲で通信ができますが、通信に対する費用が発生します。

それぞれのメリットとトータルコストを検討して、最適な構成を構築していく必要があります。

■ LPWAのイメージ図

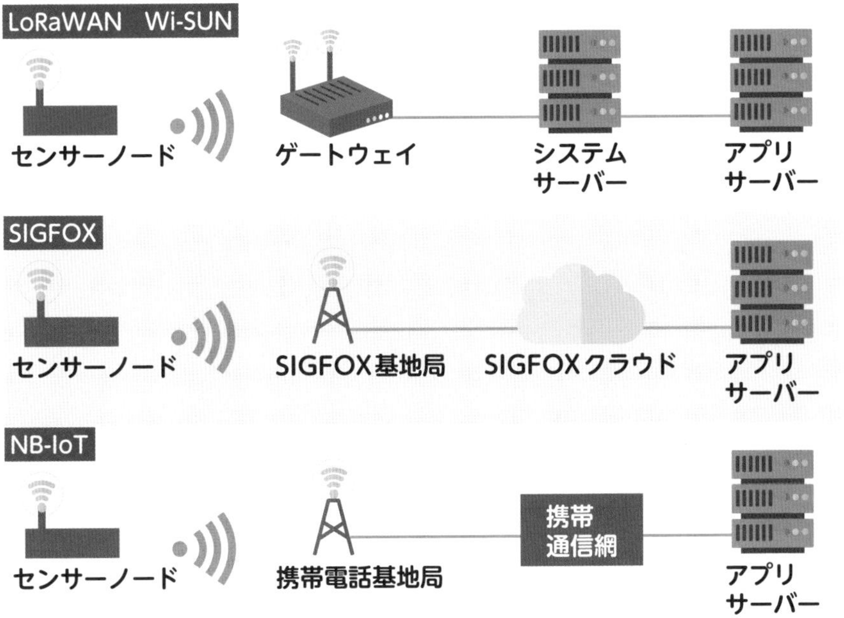

LoRa／LoRaWAN

LoRaは、低消費電力で長距離通信できる通信方式の規格です。LoRa Allianceによって仕様策定された、LoRaを使用したオープンな無線ネットワークのことを**LoRaWAN**といいます。サブギガ帯とも呼ばれる920MHz帯の周波数を使用し、利用時に免許申請が不要の特定小電力無線に該当します。LoRa Allianceには世界中のIoT事業者が登録していますが、国によって使用する周波数帯が異なるため注意が必要です。また最大通信速度は50Kbps程度で、双方向通信が可能な点にも特徴があります。

LoRaでは、ゲートウェイをユーザーが用意し、自由にネットワークを構築できるため、携帯電話やSIGFOXなどの基地局の電波が届かない山奥や地下などでもネットワークを構築できます。

SIGFOX

SIGFOXは、フランスのSIGFOX社によって仕様策定された通信規格となり、世界で70か国(2020年1月現在)に広がっています。LoRaと同様の920MHz帯を使用し、世界でも共通した周波数帯を使用しています。最大通信速度は250Kbps程度となります。

SIGFOXは国ごとに提供する通信事業者を1社に絞り、日本では京セラコミュニケーションシステムが回線提供のサービスを行っています。そのため通信に必要な基地局はユーザー側で用意する必要はなく、京セラコミュニケーションシステムが構築したネットワークを利用することができます。

NB-IoT

NB-IoTは、2016年にLTE標準の規格策定などを行う3GPPによって仕様策定された規格です。携帯電話と同様の周波数帯(180KHz)を使用し、また携帯事業者の既存の基地局を利用することができ、セルラー系と呼ばれています。最大通信速度は50Kbps程度となります。

既存の携帯電話網を活用できるため、速やかなサービス提供と携帯電話と同様のエリアで通信が可能となります。携帯電話と同様に通信料は必要になりますが、通信にかかる費用や消費電力は他のLPWA同様に、低コスト、低消費電力を実現しているため、携帯電話網のIoT版といえます。

Wi-SUN

Wi-SUNは、Wireless Smart Utility Networkの略で、Wi-SUN Allianceによって仕様策定された規格です。日本では920MHz帯の周波数を使用し、最大通信速度は200Kbps程度です。スマートホーム向けのECHONET Liteで利用することが可能で、スマートメーター（次世代電力量計）と家庭内の通信（Bルート）に採用されています。

模擬問題

4-20 LPWAの特徴について正しいものを選んでください。

（ア）LPWAは低消費電力で広範囲の通信ができる点に特徴がある
（イ）LPWAはすべて無料で利用でき、コストがかからない点に特徴がある
（ウ）LPWAは山奥や地下では電波が届かないため、利用することができない

4-21 LPWAの規格ごとの説明について正しいものを選んでください。

（ア）LoRaは基地局を利用するため、利用料がかからない
（イ）SIGFOXはユーザーが自由にネットワークを構築することができる
（ウ）NB-IoTは既存の携帯電話の基地局を利用するため、広範囲の通信が実現できる

4-22 LPWAの利用シーンついて正しいものを選んでください。

（ア）LPWAは山林や河川の監視などに利用されている
（イ）LPWAはワイヤレスイヤホンなどに利用されている
（ウ）LPWAは屋外で使用することはできない

4-23 LPWAの注意点について正しいものを選んでください。

（ア）LoRaは多くの消費電力が必要になる
（イ）SIGFOXは基地局をユーザー側で用意する必要がある
（ウ）NB-IoTは通信料が必要になる

▶▶ 解答 はpp.161-162

模擬問題解答

4-1の解答 （ウ）

解説 通信規格には通信距離、通信データ量、消費電力などに特徴があるため、使用される現場に合わせて適切に選択する必要があります。ネットワークには有線通信、無線通信があり、異なる機器間で通信する場合は、通信規格を揃える必要があります。

4-2の解答 （イ）

解説 それぞれ、LANは限られた範囲で通信を行う規模、PANは個人近辺で通信を行う規模、MANは1つの都市全域をカバーする規模のネットワークを指します。

4-3の解答 （イ）

解説 無線LAN通信は高速な通信を行う場合に用いられます。LTEは消費電力が大きいものの通信可能エリアが広い特徴を持ち、LPWAは低消費電力で長距離通信が行える特徴を持ちます。

4-4の解答 （ア）

解説 LPWAではボタン電池や乾電池で数か月～数年動作可能な特徴があります。Bluetoothは数m～数百m程度の通信が可能です。またWi-Fiは無線LANに関する規格となり、LPWAとは異なります。

4-5の解答 （ウ）

解説 インターネットでは、構築や管理、運用は電気通信事業者（キャリア）が行い、ユーザーはサービスを利用することとなり、サービス利用に対して利用料が発生します。

4-6の解答 （イ）

解説 インターネット通信では、信頼性が高いTCP/IPが広く利用されています。UDPはデータ転送速度は速いが、信頼性はTCP/IPより劣ります。またルーターは異なるネットワークを接続する機器で、ブリッジはLAN内でデータを転送する場合に利用されます。

4-7の解答 （ア）

解説 エッジコンピューティングとは、現場側に近い場所にコンピューターを設置し、IoTプラットフォームにデータを送る前にエッジ側でデータ処理を行います。リアルタイム性やランニングコスト低減のメリットがあります。

4-8の解答 （ウ）

解説 フォグコンピューティングは複数のエッジデバイスで構成され、より大量のデータを扱うことができたり、複雑な解析などを行うことができたりと、大規模なネットワークを構築する際に用いられます。

4-9の解答 （ア）

解説 3Gではインターネットを利用することができます。4GとLTEは同じ意味で使用され、4Gは、3Gよりも大容量の通信が可能となります。5Gは高速通信、低消費電力などの特徴を生かして、IoT通信システムとして期待されてます。

4-10の解答 （ア）

解説 3Gは4Gに比べて通信速度は劣りますが、障害物には強く広範囲にわたって通信を行うことができます。2G以降はデジタル通信となり、電子メールやインターネットができるようになりました。WiMAX2は4Gの規格として承認されています。

4-11の解答　（イ）

解説　3Gと4Gは主に携帯電話やスマートフォンで利用され、主流は4Gでの通信ですが、補完的に3Gの通信が利用されています。5Gは次世代通信規格として、自動運転をはじめスマートシティなど、IoT時代のあらゆるシーンでの利用が期待されています。

4-12の解答　（ア）

解説　4Gは3Gと比べて高速化、大容量化が行われていますが、通信範囲は障害物に強い3Gの方が広くなります。4GとLTEは規格上は別物ですが、LTEを4Gと呼ぶことは認められています。

4-13の解答　（ウ）

解説　5Gは大容量、高速通信、他接続、低消費電力、低コストの特徴を持っています。Society 5.0の実現するICTプラットフォームとされ、自動運転、産業用ロボット、遠隔医療など地域や社会課題の解決への活用が期待されています。

4-14の解答　（ウ）

解説　PANでは低消費電力で通信できる特徴があり、複数のセンサーノードやデバイス間の通信として利用されています。PANは数メートル範囲の近距離通信を指し、Bluetoothなどがあります。

4-15の解答　（ウ）

解説　センサーネットワークは複数のセンサーを無線ネットワークで構築し、センサーノード間で中継しゲートウェイからインターネットに接続します。遠隔地のモニタリングなどによく利用されています。

4-16の解答　（ウ）

解説　NFCは数cm程度の通信距離を生かして、交通系のICカードとして利用され、Zigbeeはセンサーネットワークを構築する際によく利用されています。Z-Waveは主に、家電や防犯などのホームネットワークで利用されています。

4-17の解答　（ア）

解説　メッシュ型のネットワークでは、ルーターとコーディネーターが網目状に通信を行います。リニア型のネットワークでは、1列にルーターを配置し、長い距離の通信を行うことができる特徴があり、スター型のネットワークでは、コーディネーターと複数のエンドデバイスとが1対Nで通信を行います。

4-18の解答　（イ）

解説　IoTではネットワーク負荷の軽減のため通信頻度の検討が必要となります。また電源に電池が使われることが多く消費電力を考慮する必要があります。ワイヤレスセンサーネットワークはあらゆる分野でアプリケーションの登場や利用シーンの拡大が予想されています。

4-19の解答　（ウ）

解説　ワイヤレスセンサーネットワークでは要件や規模に応じて適切な形態（トポロジー）をとる必要があります。その際、無線方式の統一や電波干渉への配慮も必要となります。同時に、用途に応じて高い安全性や信頼性、セキュリティなどが求められることがあります。

4-20の解答　（ア）

解説　LPWAはLow Power, Wide Areaの略で、省電力で広範囲の通信ができる点に特徴があります。通信料やゲートウェイなどの費用が必要になりますが、低コストである点も特徴となり、山奥や地下など携帯電話の電波が届かない範囲でもネットワークを構築することができます。

4-21の解答　（ウ）

解説　LoRaはユーザーがゲートウェイを設置する必要があります。SIGFOXは京セラコミュニケーションシステムが構築した基地局を利用します。NB-IoTは既存の携帯電話の基地局を利用できるため、携帯事業者と契約することで広範囲の通信を実現可能です。

4-22の解答　（ア）

解説　LPWAは電力供給が難しい屋外や、携帯電話の回線が届かない屋外で多く利用され、具体的には山林や河川の監視などに活用されています。ワイヤレスイヤホンなどの身近な機器を接続する場合はBluetoothが多く使われています。

4-23の解答　（ウ）

解説　LPWAは消費電力が少ない特徴を持ち、LoRaも同様に電池だけで年単位の長期間稼働が可能です。SIGFOXは京セラコミュニケーションシステムが用意した基地局を利用することができます。NB-IoTは携帯電話と同様の基地局が利用できる代わりに、通信料が必要となります。

5章

デバイス

温度測定などデータの入力に用いられる機器（IoTデバイス）は、CPUで制御され、センサーからのデータを通信することができます。ここでは、IoTデバイスに用いられる具体的な装置から、その構成、さらにデジタル信号やアナログ信号をどのように入力したり、出力したりするのかについて説明します。そして、これらを理解するための基礎的な電気の知識から、LEDやモーターや加速度センサーなどの各種センサーについて説明します。最後にIoTデバイスの実例として、農業分野や家庭におけるIoTや、自動車のIoTについて説明します。

32 IoTデバイスの構成

ここでは、IoTデバイスとは何かについて解説します。また、IoTデバイスを構成する要素についても合わせて解説します。

IoTデバイスとは

身近な温度などのデータを測定したりする制御装置を**エンドデバイス**や**IoTデバイス**と呼びます。その実体はCPUでセンサーなどを制御する組み込みシステムです。

ネットワークを介してサーバーやクラウドにデータを送るだけでなく、サーバーやクラウドからのプログラムなどの指示で何か処理を行ったりします。

IoTデバイスにはRaspberry PiなどのOSや補助記憶装置を持つシングルボードコンピューターや、ArduinoのようにOSや補助記憶装置を持たないで機械語のプログラムが直接動作するワンボードマイコンなどが用いられます。

Raspberry Pi

教育用に開発された**Raspberry Pi**はARMプロセッサを搭載したシングルボードコンピューターです。

■ Raspberry Pi

マウスやキーボードだけでなく、HDMI出力でディスプレイを接続し、GPU搭載のデスクトップパソコンとして安価に利用することもできます。また、小ロット製品のメインコンピューターとしても用いられ、SDカードなどの補助記憶を装備するのでLinuxなどのOSを動作させることもできます。なお、ARMプロセッサは携帯電話やスマートフォンでよく採用されているプロセッサで、低消費電流で動作することが特徴です。ニンテンドーDSやiPadなどの携帯用電子機器によく用いられます。

Arduino

教育用のマイコンボードとして開発された**Arduino**は、教育分野だけでなくプロトタイピング（試作）から実務的な分野でも用いられています。アナログ入力端子を持つのでセンサー接続に適しています。

■ Arduino

Arduinoの持つCPUはWindowsパソコンなどに搭載されるCPUとは異なり、8ビットRISCマイクロコントローラーAVRを用いています。そのためWindowsなどで開発を行う場合は、AVRの命令を生成するクロスコンパイラを持つIDE（統合開発環境）が必要です。また、プログラミング言語には、C++言語をベースにArduino独自の機能を拡張したArduino言語と呼ばれる独自の言語を用います。

開発環境であるIDEが無償で提供されているだけでなく、ソースコードや回路図、基板の設計データなどがソースコード管理サービスであるGitHub.comで公開されています。そのため、独自システムをボードレベルで開発することができ、開発したシステムを販売することもできます。独自に開発したハードウェアでも、ArduinoのAPI（Application Programming Interface）や開発環境を利用することができます。

IoTデバイスの構成

ワンボードマイコンなどに用いられる制御装置には**MCU**（Micro Control Unit）が用いられます。マイクロコントローラーやSoC（System on Chip）とも呼ばれます。

MCUは、コンピューターの処理の中心であるCPU（Central Processing Unit：中央処理装置）だけでなく、メモリや周辺回路などが一体になっており、LEDやスイッチ、温度センサーなどの電子回路が接続されて、IoTデバイスを構成します。その接続には下図のI/OポートやAnalog Inputが用いられます。

■ IoTデバイスの構成例

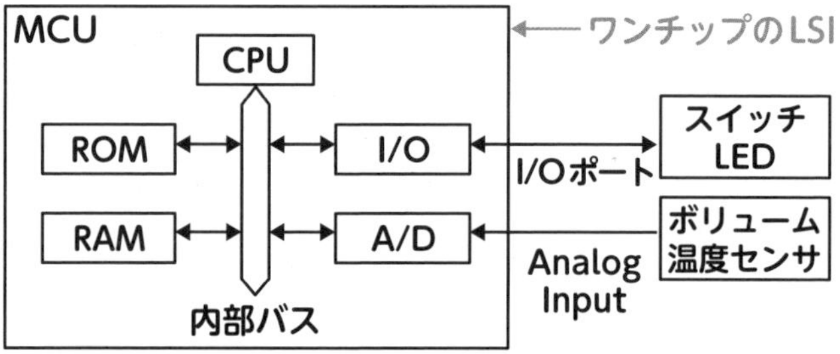

I/Oポート

I/O（Input/Output）とはその名のとおり入力と出力のことです。外部から信号をMCU内部に伝えたり、外部に信号を出したりします。そのためにMCUに設けられた端子（信号の出入り口）がI/Oポートです。I/Oポートを用いて、スイッチからの信号を入力したり、LEDに信号を出力したりします。スイッチやLEDは電圧があるか無いかの2状態で入力や出力を行うので、デジタル信号の入出力になります。これに対しアナログの電圧を入力するI/Oポートをここでは Analog Inputと表記しています。

ボリュームや温度センサーなどの接続

スイッチに対して「つまみ」を回転させて大きさなどを調節するボリュームでは、連続して変化する電圧を入力する端子が用いられます。それが**Analog Input**です。

温度を測定するセンサーなどは、温度で抵抗の値が変わる性質を利用するので、やはり電圧の入力となります。

アナログの電圧を入力してもコンピューターの内部ではデジタル信号でなければ処理できません。そのためにアナログの電圧をデジタルに変換するための仕組みが必要になります。それが**A/D**(Analog/Digital)変換回路です。

このA/Dについては次節で、電圧や抵抗については、その次の節の「デバイスの回路」で説明します。

模擬問題

5-1 ワンボードマイコンの制御装置の説明として正しいものを選んでください。

(ア) マイクロコントローラーと呼ばれる制御装置にはLEDが内蔵される
(イ) SoCと呼ばれる制御装置にはスイッチが内蔵される
(ウ) MCUと呼ばれる制御装置にはCPUが内蔵される

5-2 IoTデバイスについての説明として誤ったものを選んでください。

(ア) IoTデバイスは内部にCPUを持つ組み込みシステムである
(イ) IoTデバイスはOSを持つことができない
(ウ) A/Dを内蔵したIoTデバイスはアナログ電圧を入力できる

▶▶ 解答 は p.186

33 IoTデバイスの入出力

ここでは、IoTデバイスの入力や出力で用いられるデジタルやアナログなどについて説明します。

I/Oの種類

前節で説明したように、IoTデバイスにセンサーなどを接続するためにI/O（Input Output：入出力）の端子が用いられ、I/Oポートなどと呼ばれます。この入出力端子（ポート）を用いて信号の入力や出力が行われます。I/Oの端子には、大きく分けて、アナログとデジタルの端子があります。

センサーには温度を測定するサーミスタのように抵抗値が変化するものや、タッチセンサーのようにON/OFF動作するものがあります。

前者の入力にはアナログ入力端子が、後者にはデジタル入力端子が用いられます。

LEDやモーターなどの駆動には出力端子が用いられます。点滅するだけのLEDはデジタル出力端子を用います。明るさを調整したい場合はアナログ出力端子が必要ですが、主に疑似的に電圧を調整できるデジタル出力端子を用います。

■ I/Oの種類

I/Oの種類	内容
アナログ入力	抵抗値の変化
デジタル入力	ON/OFF動作
デジタル出力 （疑似的なアナログ出力）	LED点滅 LED明るさ調整

デジタルの入出力

デジタル信号のI/Oは汎用的に用いられるので**GPIO**（General Purpose I/O）と呼ばれます。デジタルI/Oや単にI/Oと呼ぶこともあります。

GPIOのポートは1ビットのデータの入力や出力を行います。メモリの1番地は8ビットなので、1つの番地は8つのポートに対応することができます。ポートとは入力や出力のための配線を接続するためにMCUやマイクロコントローラーに用意されている端子のことです。

各ポートはそれぞれを入力か出力に設定します。次の図では、ポート1（P1）にスイッチを入力設定で、ポート2（P2）にLEDを出力設定で接続しています。スイッチを押すたびにLEDが点灯と消灯を切り替える動作を行うプログラムなどを作成して、LEDを点滅させることができます。

図のVccとGNDの記号は電源接続を表します。ここに5Vなどの電源を接続して動作させます。電源や抵抗などについては、次節「デバイスの回路」で説明します。

■ LED制御の回路図とその記号

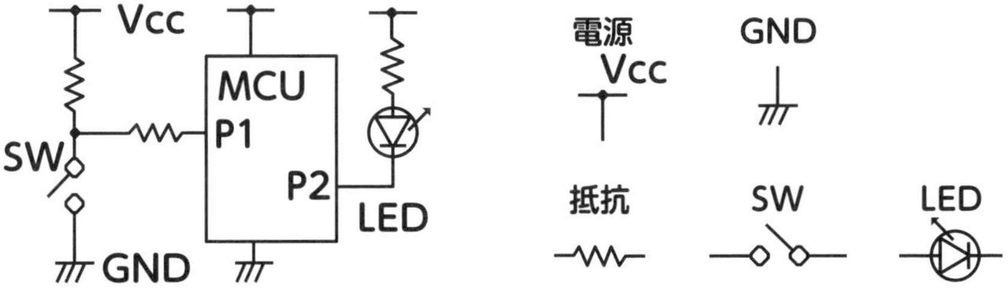

アナログの入出力

アナログの入力には専用のアナログ入力端子を用います。MCUやマイクロコントローラーなどと呼ばれる制御装置で内部にA/D（A/D変換器、ADコンバータ、ADC）を持つものは、アナログ電圧をデジタル信号に変換することができます。

A/Dがアナログ電圧をデジタル信号に変換する際には、デジタル信号のビット数に8bitなどが用いられます。コンピューターの内部では1つのメモリの番地に8bitのデータが格納されるので、8bitが扱いやすいからです。ただし、8bitでは精度が不足することが多く、10bitや16bitだけでなく24bitや36bitなども用いられます。

次の図は、温度センサーの抵抗変化を電圧の変化としてとらえ、A/Dで8bitのデジタル値に変換してCPUに伝送しています。

■温度に対応したデジタル信号でCPUに入力

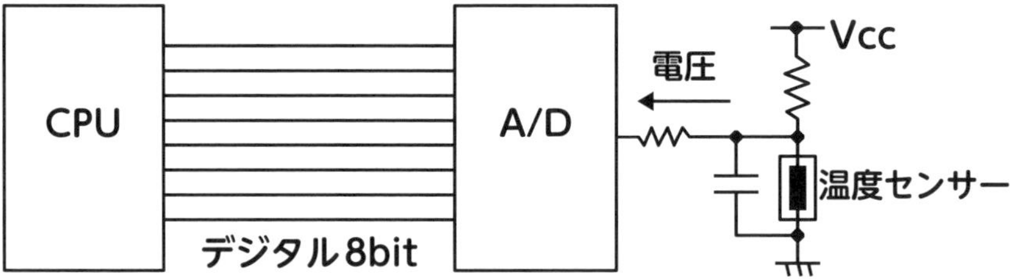

A/Dを内蔵しているMPUは、アナログ入力端子を持ちます。この端子を持たないMPUの場合は、外部にA/Dを用意し、次に説明するシリアル通信などを用いてMPUと接続します。

アナログの出力はアナログの入力とは異なり、専用のアナログ出力端子ではなく、主にデジタル出力端子で代用します。PWM（Pulse Width Modulation:パルス幅変調）を用いてデジタル信号であるパルスのONとOFFの割合を変化させることで、パルスの平均電圧を変えることができます。これでLEDの明るさなどを調整します。繰り返しの周波数を変えることで、接続したスピーカーで音階を演奏することも可能です。なお、パルス幅の割合がデューティーです。デューティー比とも呼びます。

■PWM信号

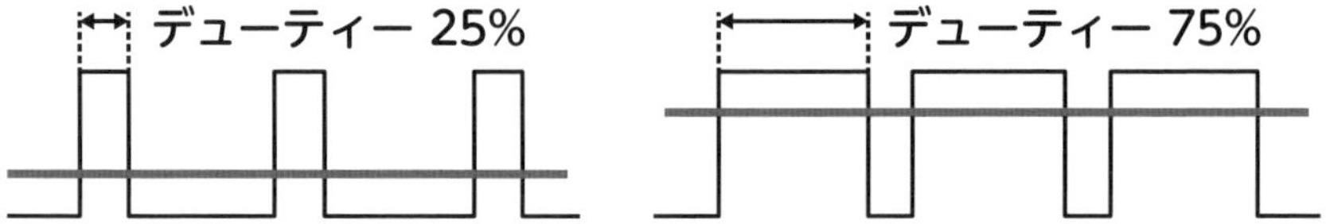

シリアル通信

シリアル通信は、1本の電線で8bitのデータを扱う通信です。シリアル通信の基本はRS-232Cです。PCのモデム接続に用いましたが、USBに取って代わられました。COMポートやシリアルポートなど呼ばれます。

PCでは以下の図に示すD-SUB 9ピンのコネクタでPCとデバイスを1対1に接続します。

■ D-SUB 9ピン

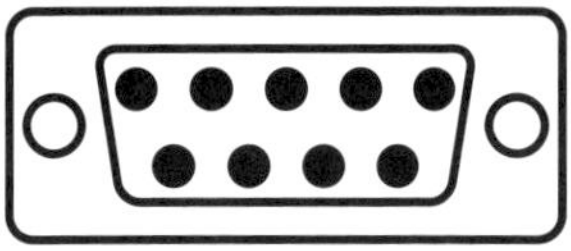

模擬問題

5-3 アナログとデジタルの入出力についての説明として誤ったものを選んでください。

(ア) GPIOはアナログとデジタルの入力と出力に使える汎用のI/Oである

(イ) デジタルのI/Oでは、入力か出力に指定できる

(ウ) アナログのI/Oでは、PWMを用いた出力がよく用いられる

5-4 シリアル通信の説明として正しいものを選んでください。

(ア) シリアル通信の基本はUSBである

(イ) シリアル通信は8ビットの信号を8本の電線で扱う

(ウ) 元はRS-232Cが用いられ、COMポートなどと呼ばれる

▶▶ 解答 はp.186

34 デバイスの回路

電気は目に見えないのでわかりにくく感じます。これを水の流れに例えるとイメージがわきます。ここでは、電気の基礎知識からLEDやモーターなどについて説明します。

電子回路の電源

電子回路を動作させるために電源が必要です。電源はVccやGNDで表されます。豆電球を乾電池で点灯する場合をVccとGNDの記号で表すと下図中央になります。右端は最新の電球の記号です。電源とGNDを接続することで電子回路は動作します。GNDは電圧の基準となるものなので0Vです。CPUなどの電源電圧Vccは5Vが標準ですが、3.3Vのものも増えました。

■ 豆電球点灯

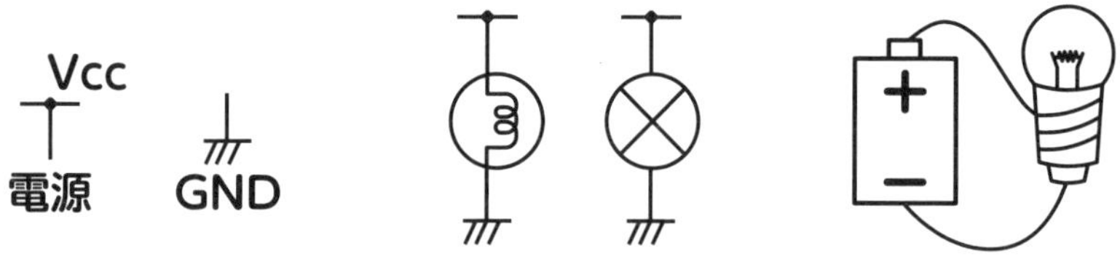

電圧と電流

電流は本質的には電子の流れなので、水の流れに例えられます。川の水の流れの中に立つと下流方向に水圧を受けます。川の中に杭が多数あると、水は杭の抵抗でそれだけ流れにくくなります。そして杭は水圧を大きく受けることになります。電気でも同様に抵抗があれば電流が流れにくくなり、そこに電圧が発生します。電気の流れの大きさIと発生する電圧Vの関係がV = I × Rとなるように抵抗Rを定めます。これがオームの法則です。したがって、抵抗Rに電圧Vをかけると流れる電流Iは次の式で計算されます。

$$I = V \div R$$

■電圧と電流の例え

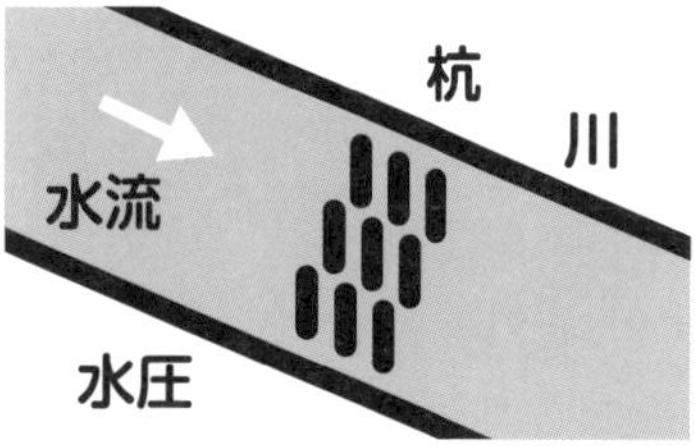

LED

ダイオードは電流を一方向にだけ流す素子です。順方向に電流を流すと、光を出す性質があり、それを活用したものが**LED**（Light Emitting Diode：発光ダイオード）です。電流が流れすぎると壊れるので、下左図のように電流を制限する抵抗を付けます。この抵抗の値はオームの法則で計算します。逆方向にはごくわずかの電流しか流れず、点灯しません。

ダイオードに光を当てると電流が流れます。この発電の効率をよくしたものが光電池で、光の検出用にしたものがフォトダイオードです。これらは用途が異なるだけで、原理的には同一のものです。下右図はLEDです。

■LED点灯回路

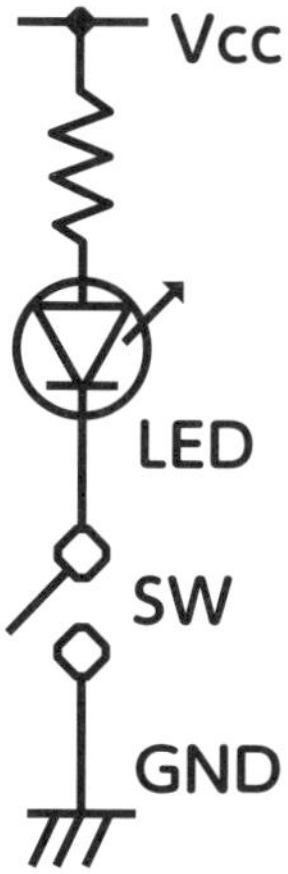

■LED

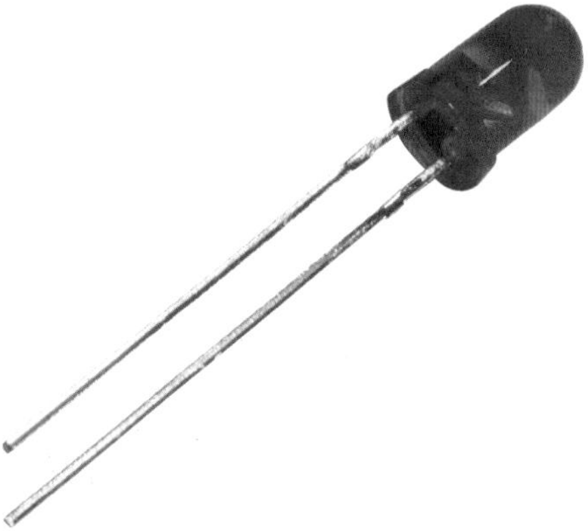

アクチュエータ

電気や油圧、空気圧などが持つエネルギーを並進または回転運動に変換する駆動装置を**アクチュエータ**と呼びます。

代表的なアクチュエータに**モーターとソレノイド**があります。ソレノイドは電磁石を用いた機構のことです。モーターは主に回転運動に、ソレノイドは直進運動に用いられます。モーターは回転数に限界はありませんが、ソレノイドは固定された角度内で回転したり、直線運動したりします。主にモーターは動力用に、ソレノイドは制御用に用いられます。

モーター

動力用に用いられるモーターの代表は直流電源を用いるDCモーターです。プリンタなどに用いられるステッピングモーターや回転数を一定に制御するサーボモーター、交流の電源を用いるACモーターなどもあります。

DCモーターは整流子（ブラシ）で電流を切り替えることで、永久磁石の中でコイルが回転するモーターです。負荷が重いと回転数が下がり、流れる電流が増加します。駆動する電圧を上げれば回転数も上がります。

モーターを動かすためには、大電流を流すので、次の図のような放熱板付きのDCモータードライバーICなどを用いて駆動します。

ドライバーICは電流の流れる方向を逆にして反転させる機能も持ちます。回転数はPWMで調節します。

■ モータードライバーIC

ステッピングモーター

1回のパルスで一定の角度だけ回転するモーターです。パルスの繰り返しを速くすれば速く回転します。ステップモーターとも呼ばれます。駆動するパルスを生成するドライバーが必要です。

サーボモーター

モーターの回転速度を調べ、駆動する電圧を調整することで、一定の回転速度を保つモーターです。

ロボットの関節などに取り付けて一定の角度の範囲で動作するものもサーボモーターと呼ばれています。

模擬問題

5-5 電子機器内部の回路を動作させる電源についての説明として最も適切なものを選んでください。

(ア) Vccは0V、GNDは5Vが標準的に用いられる

(イ) 電源電圧には5Vや3.3Vなどが用いられる

(ウ) Vccを接続すれば、GNDを接続しなくても動作する

5-6 LEDとダイオードについての説明として最も適切なものを選んでください。

(ア) LEDは電流の流れにくい方向に電圧をかけると発光するので低消費電流である

(イ) ダイオードとLEDは全く異なる原理の素子である

(ウ) LEDは電流制限抵抗がないと破壊することがある

▶▶ 解答 はpp.186-187

35 IoTデバイスのセンサー

センサーは温度や明るさなど、外部の状況を電気信号にしてIoTデバイスに入力する装置です。ここでは、IoTデバイスに用いられる各種センサーについて説明します。

センサーとは

身近な温度や圧力などを測定するためにセンサーが用いられます。**センサーは外部環境の状況をコンピューターに入力するための素子**です。センサーには温度や圧力などの身の回りの環境だけでなく、動きや位置などを測定するものもあります。

スマートフォンの普及によってセンサーが小型化され、安価になりました。そのためIoTデバイスでも安価にセンサーを利用できるようになりました。ここではスマートフォンなどを例にして、IoTデバイスに用いられるセンサーについて説明します。

加速度センサー

加速度センサーは、**物体の移動に伴う速度の変化を検出**します。微小な機構と周辺回路を集積することができるMEMS技術を用いて、バネで支持された微細な重りと測定回路などを作成します。その重りは加速度によってわずかですがその位置がずれるので、そのずれを測定します。X軸、Y軸、Z軸の3軸を検出する3軸加速度センサーなら静止状態で**上下方向がわかります**。

これでスマートフォンの縦位置、横位置を検出します。歩くときの揺れを検出することで歩数計のセンサーにもなります。

MEMS（Micro Electro Mechanical Systems）は半導体LSIを作る加工技術を用いて微小な機械構造を作る技術です。mmオーダー以下の可動部分と電子回路を持ち、マイクロマシンとも呼ばれます。

■ 加速度センサーとその原理図

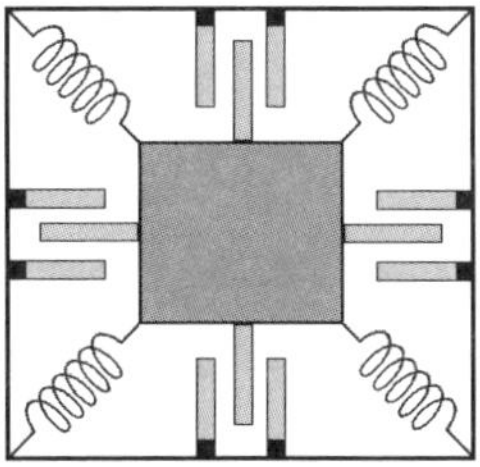

ジャイロセンサー

物体移動の速度変化を検出する加速度センサーに対し、**ジャイロ（角速度）センサー**は物体の回転を検出します。加速度センサーと同様にMEMS技術を用いて、振動子と測定回路などを作ります。

ジャイロセンサーはデジタルカメラの手ブレ検出や自動車の横滑り検出、手持ちゲーム機やスマートフォンのユーザーインターフェースなどに用います。

■ ジャイロセンサー

磁気センサー

磁気センサーは磁気を検出するセンサーです。**ホール素子**がその代表です。ホール素子に一定の電流を流し磁界を加えると、加えられた磁界の強さ（磁束密度）にほぼ比例した電圧が発生します。これをホール効果と呼びます。これを用いて磁気を測定します。

ホール素子は携帯電話の開閉検出などに用います。また、**地磁気により南北を知る**こともでき、電子コンパスと呼ばれます。

■ ホール素子

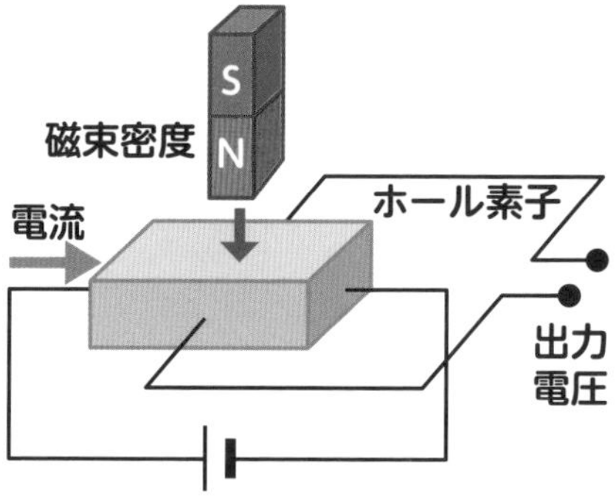

圧力センサー

圧力センサーは、気体や液体の圧力を測定するセンサーです。圧力に応じて凹む薄い膜（ダイヤフラム）に、ひずみを電気信号に変換するひずみゲージ抵抗などを貼り付けています。

■ 圧力センサーの構造

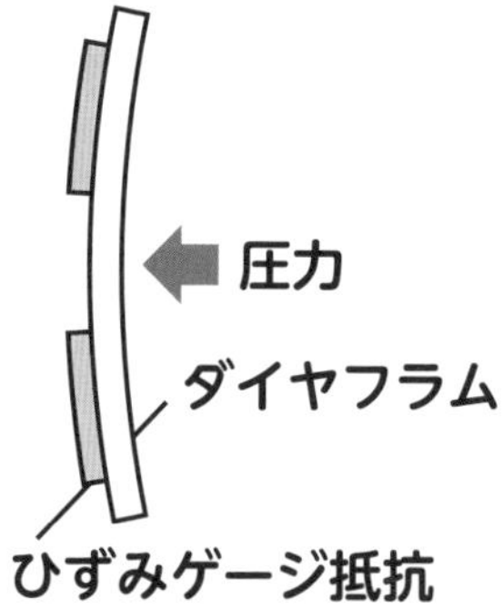

温度センサー

温度を測定する**温度センサー**には**サーミスタ**がよく用いられます。サーミスタは温度で抵抗値が変化する半導体酸化物です。温度が上昇すると抵抗値が下がるものや上がるものなどがあります。

■ サーミスタ

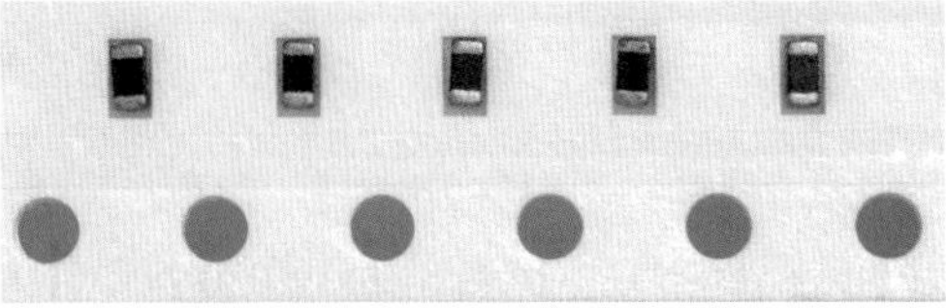

◎ 照度センサー

明るさを測定する**照度センサー**には**CdSセル**、**フォトダイオード**、**フォトトランジスタ**などがあります。

■ CdSセル

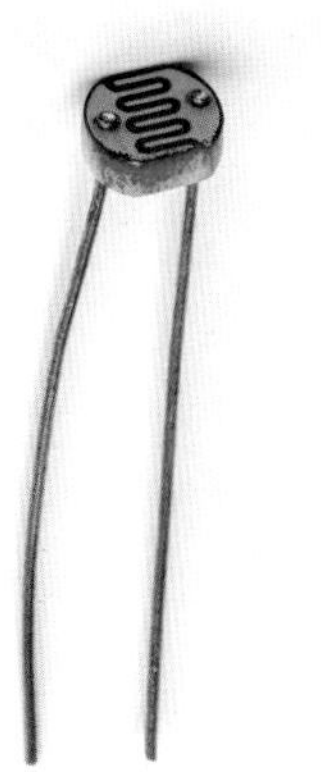

■ フォトダイオード

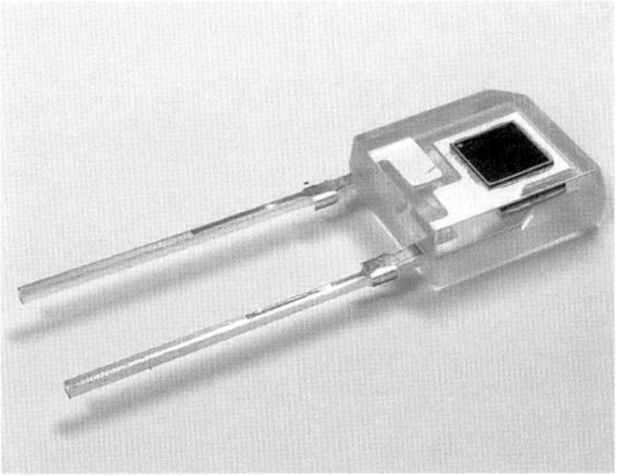

■ フォトトランジスタ

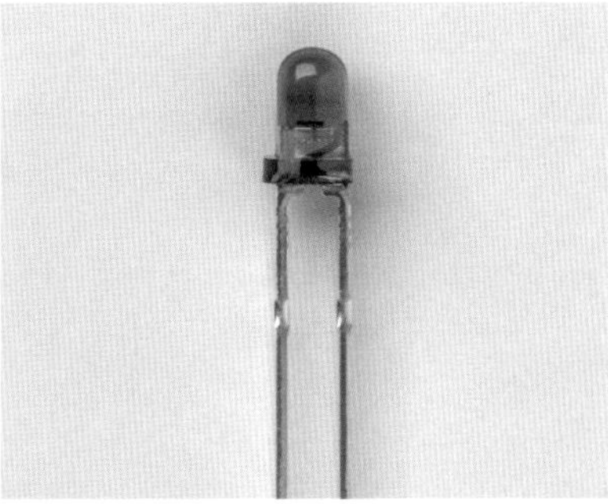

CdS（硫化カドミウム）セルは光の強度が増加すると抵抗値が低下します。人の目に近い特性を持ち、安価なため**街路灯の自動点灯**などに広く用いられます。明るさが変化しても抵抗が変化するまで時間がかかります。

フォトダイオードは前節「デバイスの回路」のLEDで説明した素子で、高精度な照度の測定に用いられます。フォトトランジスタは光の強弱でONとOFFを切り替えるスイッチ動作する用途によく用いられます。

人感センサー

人感センサーは、人の存在を検知して照明を付けたりするセンサーです。超音波を用いたものや、赤外線LEDで投光しフォトトランジスタで受光するアクティブセンサー、投光せずに人体の発する赤外線を検知するパッシブセンサーなどがあります。

■ 人感センサー

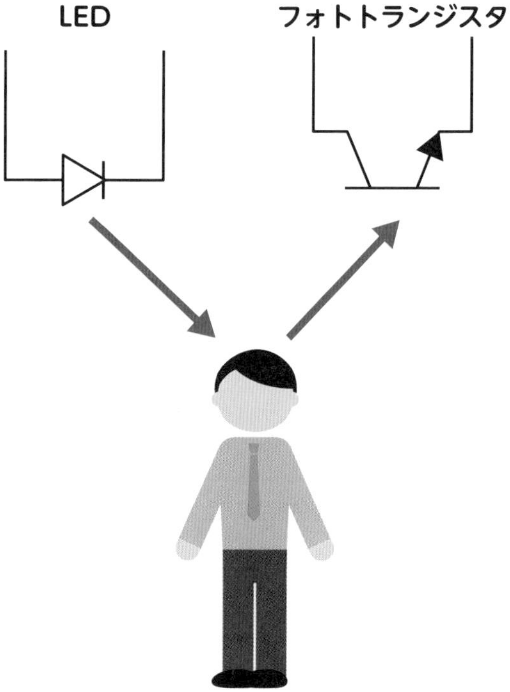

距離センサー

距離センサーは、数cmから数10m程度の距離を測定するために超音波や赤外線が用いられます。**TOF**（Time Of Flight）では、投射した光や音が反射して返ってくる時間から距離を計測します。

■距離センサー

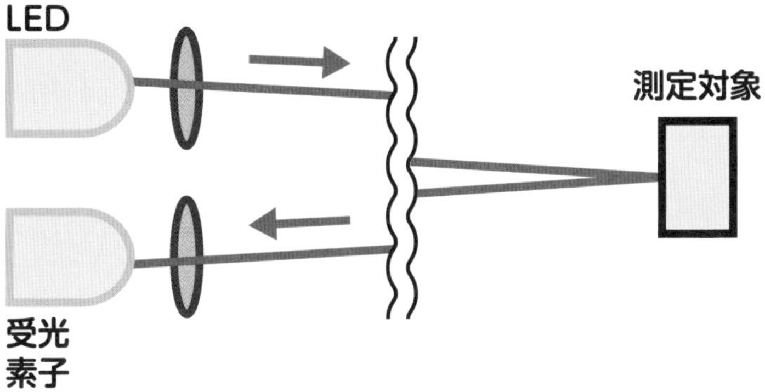

模擬問題

5-7 スマートフォンで用いられるセンサーについての説明として最も適切なものを選んでください。

（ア）ジャイロセンサーで南北を測る
（イ）加速度センサーで上下を測る
（ウ）圧力センサーで歩数を測る

5-8 赤外線などの光を用いた人感センサーや距離センサーについての説明として最も適切なものを選んでください。

（ア）TOFで距離を測定することができる
（イ）発光部にフォトトランジスタ、受光部にLEDが用いられる
（ウ）CdSセルは、玄関などに設置する人感センサーに適している

▶▶ 解答 はp.187

36 IoTデバイスの実例

ここでは、農業分野や家庭などで用いられるIoTデバイスを紹介します。

農業IoT

ゲートウェイ（親ノード）とセンサーノード（子ノード）を用い、田畑の温度や照度、湿度などのデータをセンサーで測定します。低消費電流な無線のセンサーネットワークなどで親ノードであるゲートウェイにデータを集め、携帯電話回線などを用いてサーバーに送信し、そこで「見える化」した結果をPCなどでWeb表示します。

■ フォトトランジスタ

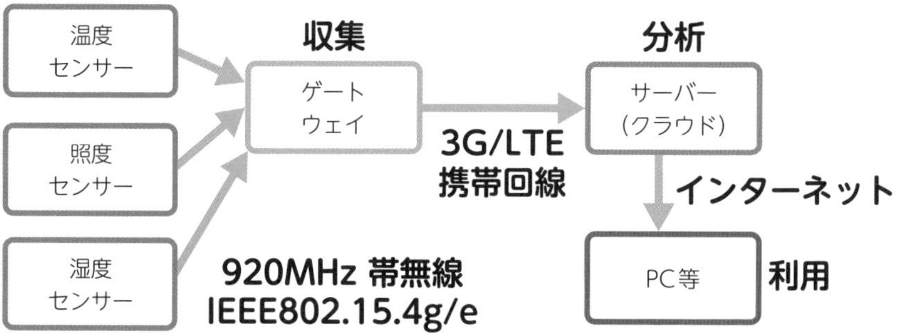

スマートホーム

スマートホームは、照明などをスマートフォンから操作したりする“賢い家”のことです。外出時に玄関の鍵を閉めると自動的に消灯することなどが可能です。そのためには全体を管理するデバイスが必要になります。それをホームハブと呼びます。ホームハブは例えば火災報知器からの信号を受け、スマートフォンに通知するなどの役割を果たします。

■ ホームハブの構成例

室温をコントロールするサーモスタットのNestは使用者の生活パターンを学習し、自動的に温度設定を行うだけでなく、Wi-Fi接続でスマートフォンから操作したり、ホームハブとして使用することができます。

スマートスピーカーは音声でインターネットの検索を行うことができます。音声で検索を指示し、検索結果を音声で聞くだけでなく、音声でスマート電球の点灯や消灯などを指示できます。音声をクラウドに送り、そこで音声認識を行い、その結果からネット経由で操作します。

スマート電球はWi-Fi接続などでスマートフォンなどから操作できる電球です。無線ルーターに接続できるものもあります。

■ スマートスピーカーの構成

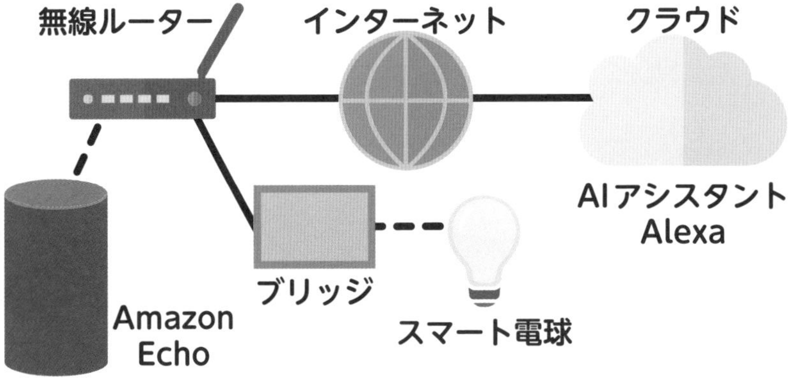

スマートハウス

スマートハウスはHEMS（Home Energy Management System）により家庭内のエネルギー管理を行う"賢い家"です。通信機能を持つ電力量計であるスマートメーターとHEMSコントローラーをHAN（Home Area Network）で接続します。さらに家電製品なども接続できます。

スマートメーターは電力会社の管理サーバー（MDMS）と接続するAルートで使用電力量の計測を行い、家庭内の電力管理を行うHEMSコントローラーに接続するBルートでエネルギー消費が最適になるように制御します。

■スマートハウスの構成例

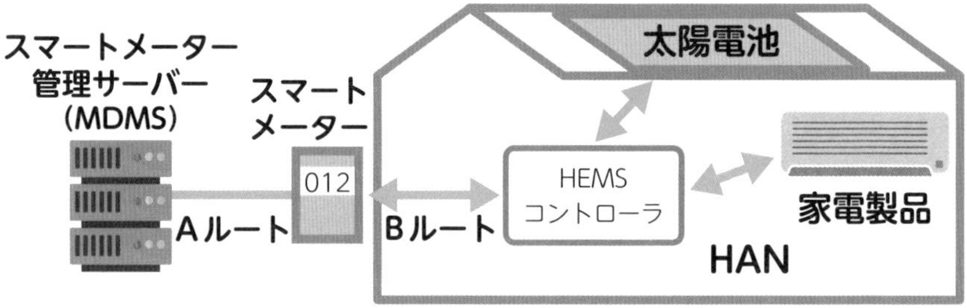

コネクテッドカーと自動運転自動車

コネクテッドカーでは、自動車に通信回線を持たせ、インターネット接続により各種のサービスを実現します。自動運転ではカメラや距離センサーなどを用いて車線維持などを行います。**自動運転**の定義は下記になります。

レベル0　自動化なし
レベル1　運転支援。自動ブレーキ
レベル2　部分自動運転。車線維持
レベル3　条件付き運転自動化。緊急時は運転手が対応
レベル4　高度自動運転化。限定エリア内で運転手不要
レベル5　完全自動運転化。ハンドル・ブレーキなし

■ 自動運転のレベル

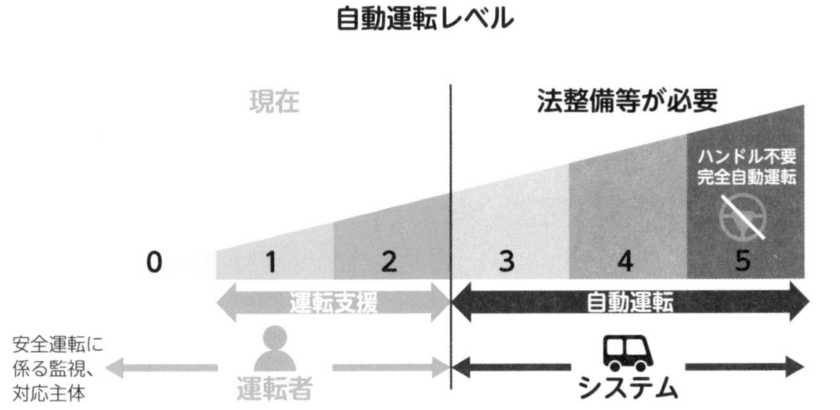

出典 https://www.volkswagen.co.jp/ja/volkswagen/technology1/autonomous-driving.html

模擬問題

5-9 スマートハウスについての説明として最も適切なものを選んでください。

(ア) スマート電球でHEMSを実現

(イ) スマートスピーカーでHANを実現

(ウ) スマートメーターで電気使用量を把握

5-10 IoTデバイスについての説明として誤ったものを選んでください。

(ア) 農業IoTではセンサーネットワークを用いる

(イ) コネクテッドカーは自動運転である

(ウ) レベル4以上では監視義務なしで運転できる

▶▶ 解答 は p.188

模擬問題解答

5-1の解答　（ウ）

解説　ワンボードマイコンの制御装置はマイクロコントローラーやSoC、MCUなどと呼ばれます。これらにはCPUやメモリ、周辺回路などが一体化されていますが、LEDやスイッチなどは内蔵されていません。したがって、（ウ）が正解です。

5-2の解答　（イ）

解説　IoTデバイスは内部にCPUを持つ組み込みシステムです。Raspberry Piなどを用いたIoTデバイスならOSを持つことができます。A/Dを内蔵していれば、アナログ電圧を入力することができます。

5-3の解答　（ア）

解説　GPIOはデジタルのI/Oポートで入力にも出力にも用いることができます。その中でPWMに対応したポートはアナログの出力にも用いることができますが、アナログの入力には対応していません。
アナログの入出力では、入力専用のポートが用いられます。出力にはPWM対応のデジタルポート（GPIO）が主に用いられます。

5-4の解答　（ウ）

解説　シリアル通信は8ビットの信号を1本の信号線で扱います。送信と受信などがあるので、実際には複数の信号線を用い、接続用のコネクタには複数の端子があります。シリアル通信の元はRS-232Cと呼ばれる規格で、COMポートなどと呼ばれました。現在ではUSBにとって代わりましたが、利用するソフトによってはCOMポートと呼ばれることもあります。したがって、（ウ）が正解です。

5-5の解答　（イ）

解説　GNDは0Vです。Vccは5Vが一般的です。最近は3.3Vなどの低電圧のものも増えましたが、5V以上のものもあります。豆電球で電池の

+側と−側に接続したように、電源はVccとGNDの2つを接続する必要があります。

5-6の解答　(ウ)

解説　LEDは発光ダイオードのことで、光を出すのに適した構造を持つダイオードです。一方向にだけに電流を流し、そのとき発光する性質があります。その電流が流れすぎるとLEDが破壊することがあるので、電流を制限する抵抗を用います。逆方向にはほとんど電流が流れなく、発光もしません。

5-7の解答　(イ)

解説　ジャイロセンサーは揺れを検出するセンサーで、ゲーム機のユーザーインターフェースなどに用います。南北の測定には地磁気を利用するホール素子などの磁気センサーを用います。

加速度センサーは重力加速度つまり引力の方向を測定することができます。したがって加速度センサーで上下の方向がわかります。そのため、スマートフォンではその縦位置、横位置の検出を加速度センサーにより行っています。さらに、歩数の検出などにも加速度センサーが用いられます。

圧力センサーは空気の圧力、つまり気圧を測定します。測定した気圧から高度を求めることができます。

5-8の解答　(ア)

解説　TOFは反射光の戻る時間から距離を計算するので対象物までの距離が測定できます。発光部にLEDが、受光部にフォトトランジスタなどが用いられます。人感センサーには反射型のアクティブセンサーか、または投光しないパッシブ型が用いられます。玄関先に設置する場合は反射型のセンサーなどが用いられます。CdSセルは明るさの検出用で、街路灯の自動点灯などに適します。応答速度が遅いので人感センサーには適しません。

5-9の解答　（ウ）

解説　スマートメーターは通信機能を持つ電力量計です。家庭内でのエネルギー管理を行うHEMSで用いられます。通信にはHANが用いられます。スマート電球は通信機能を持つ灯りです。スマートスピーカーはインターネット接続できるスピーカーです。音声でネット検索が可能です。

5-10の解答　（イ）

解説　農業IoTではセンサーを電池駆動したい場合は消費電流の少ないセンサーネットワークなどを用います。コネクテッドカーはインターネット接続された自動車のことで自動運転とは異なります。自動運転のレベル4では、エリアが限定されますが、監視義務なしで運転することができます。

6章

プラットフォーム

IoTは、センサーやアクチュエータなどデバイス側の技術に注目が集まります。しかし、収集したデータを蓄積したり、分析して何かしらの対処が必要であるかを判断するには、個々のデバイスだけでは実現が難しいです。そこで、本章ではIoTシステムのプラットフォームとして必要不可欠なクラウドについて紹介し、クラウドサービス、分散処理、データ処理を中心に解説します。

37 クラウドとは

IoTプラットフォームは、データの蓄積や分析で、クラウドが重要な役割を担います。また、用途によっては、クラウドでは実現が困難なため、フォグコンピューティングやエッジコンピューティングといった仕組みが必要な場合もあります。

クラウドとは

クラウドは、ユーザーがインターネットなどのネットワークを経由して利用するコンピューターシステムで、クラウドコンピューティングやクラウドサービスと呼ばれることもあります。

■ クラウドコンピューティング

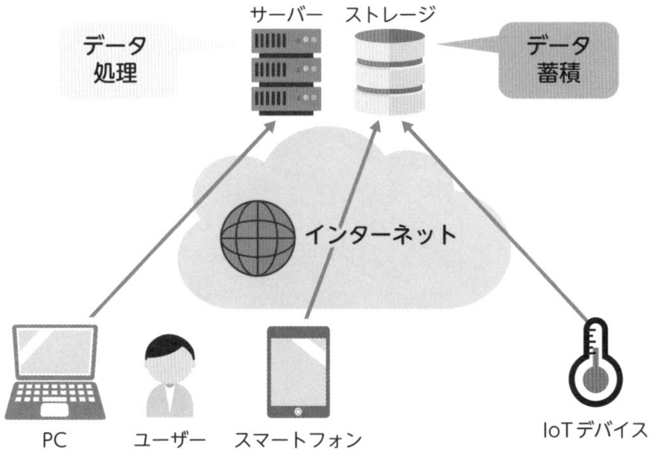

企業システムは、**オンプレミス**（自社内にコンピューターやネットワークの機器を用意し、企業自らで構築、運用する形態）が主流でしたが、2010年前後からクラウドが普及してきました。ユーザーは、インターネットなどのネットワークに接続する環境を用意するだけでよく、目的に合ったサービスを提供するクラウドベンダーとの間で契約してシステムを使用します。ユーザーに

とっては、クラウドベンダー側の設備がどのように構成されているかなどは意識する必要がなく、あたかも雲（クラウド）の向こう側に隠れたシステムを利用しているように見えることからクラウドと呼ばれています。IoTにおいても、センサー等で収集したデータを蓄積、分析するなどの用途でクラウドがよく利用されます。

フォグコンピューティングとエッジコンピューティング

クラウドコンピューティングは、インターネット上のコンピューター資源を利用するシステム形態ですが、IoTの普及もあり、接続するデバイス（端末）の数も増大しています。また、それらのデバイスからのデータがクラウドに送信されることで、ネットワーク内のトラフィック量（送受信されるデータ量）が増え、クラウド上のコンピューター資源への負荷が増大しています。これにより、デバイスから送信したデータをクラウドで処理し、その結果を再び返してくるまでの時間が長くなり、遅延が発生する可能性が高まっています。特に、自動運転などリアルタイム性が必要とされるシステムにおいては、このような遅延はシステムの要件を満たすことができなくなる要因となります。そこで、これらの課題を解決するために、第4章でも解説しましたが、フォグコンピューティングやエッジコンピューティングが注目されています。

・フォグコンピューティング

インターネット上のコンピューター資源で実行していた処理を、IoTデバイスと同じネットワーク（LAN）内で処理することで、遅延を解消し、リアルタイム性を確保するシステム形態を**フォグコンピューティング**と呼びます。IoTデバイスと同じネットワーク内のIoTゲートウェイやフォグノードと呼ばれるコンピューター資源で、データを蓄積、処理し、結果を必要とするIoTデバイスに送信します。フォグコンピューティングは、クラウド上で処理していたものをすべて実行するわけではなく、その一部をフォグノード側で実行することで、インターネットを介したクラウドへのトラフィック量は削減でき、クラウド側の負荷軽減にもつながります。クラウド（雲）よりも、デバイスに近い箇所で動作することから、フォグ（霧）という名称が利用されています。

■ フォグコンピューティング

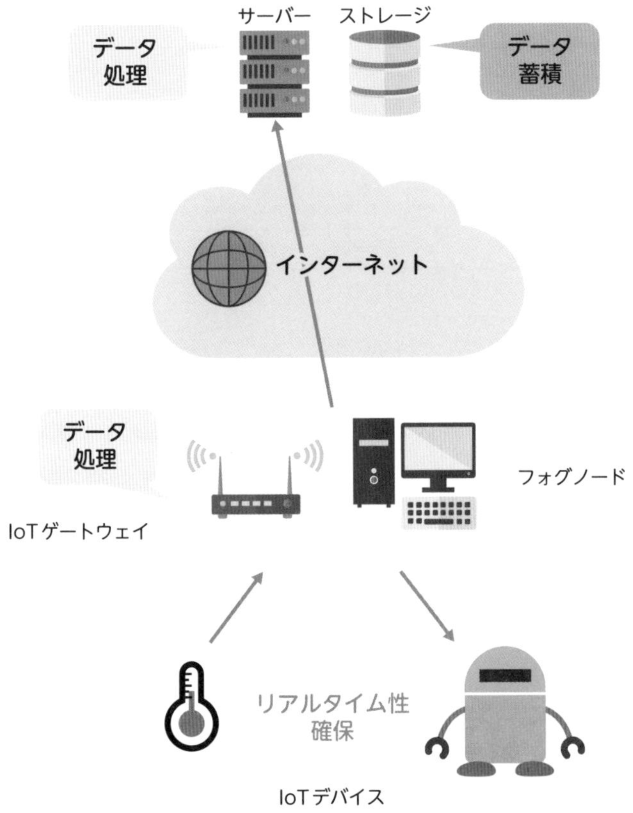

・エッジコンピューティング

フォグコンピューティングでは、IoTデバイスと同じネットワーク内のIoTゲートウェイやフォグノードがデータ処理を実行していたのに対し、IoTデバイス自体でデータ処理を実行するシステム形態を**エッジコンピューティング**と呼びます。各IoTデバイスがそれぞれ独立して処理を実行することで、フォグコンピューティング同様、クラウド側に送受信するデータ量を削減し、クラウドの負荷軽減につながります。また、よりリアルタイム性を発揮することができるようになります。

■ エッジコンピューティング

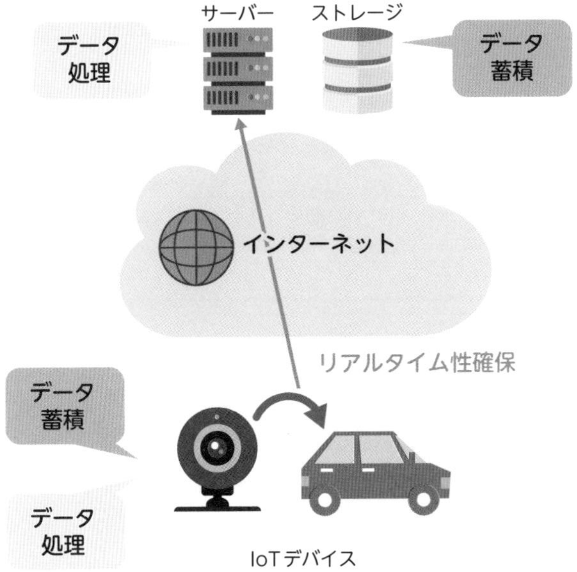

フォグコンピューティング、エッジコンピューティングともに、クラウドコンピューティングを置き換えるものではなく、フォグやエッジ側で処理できることと、クラウド側でないと処理できないことを役割分担し、ネットワークトラフィックの削減と処理にかかる遅延を減らす働きを持ちます。

模擬問題

6-1 フォグコンピューティングの説明として、誤っているものを選んでください。

(ア) IoTデバイスと同じネットワーク内のIoTゲートウェイ等でデータ処理を実行する

(イ) クラウドコンピューティングにおける遅延に対する課題を解消し、リアルタイム性を確保できる

(ウ) クラウド上で実行していたデータ蓄積やデータ処理をすべてフォグ側に実行するように置き換えて利用する

▸▸ 解答 はp.217

38 クラウドサービス

クラウドでは、さまざまなベンダーがサービスの提供を行っています。それらのサービスを大きく分類するとともに、代表的なクラウドベンダーを紹介します。また、クラウド環境実現の際に欠かすことができない仮想化技術についても解説します。

仮想化技術

クラウドベンダーは、多くのユーザーに対し、安定したサービスを提供するためには、コンピューター資源も潤沢に用意する必要があります。しかし、コンピューターをユーザーに提供する際に、1人のユーザーに1台の物理的なコンピューターを割り当てていくと、膨大な台数を必要とし、設置する場所や電源の確保が難しくなります。

また、コンピューターに格納しているデータが運用とともに増加し、コンピューターに接続されているディスクストレージに収まらなくなった場合、その都度より大容量のディスクに交換し、データを移行することは効率的ではありません。

コンピューターやストレージ装置など物理的なリソース（資源）を、1つに集約したり、複数に分割して、ユーザーが必要とするリソース分（論理的リソース）だけにまとめて利用する仕組みを**仮想化**と呼びます。

対象となる物理的なリソースがコンピューターそのものの場合はサーバー仮想化、ディスク装置などストレージが対象となる場合はストレージ仮想化、ネットワーク装置が対象となる場合はネットワーク仮想化と呼びます。

例えば、**サーバー仮想化**は、1台のコンピューターをあたかも複数台のコンピューターが存在するかのようにして利用するために必要な技術です。サーバー仮想化であれば、運用中にサーバーの負荷が高くなり、性能が悪化したときに、CPUやメモリを追加するといったことが、物理的にCPUやメモリをコンピューターに追加するのではなく、設定で割り当ての変更が容易に行えるため、柔軟な対応が可能となります。

■ サーバー仮想化

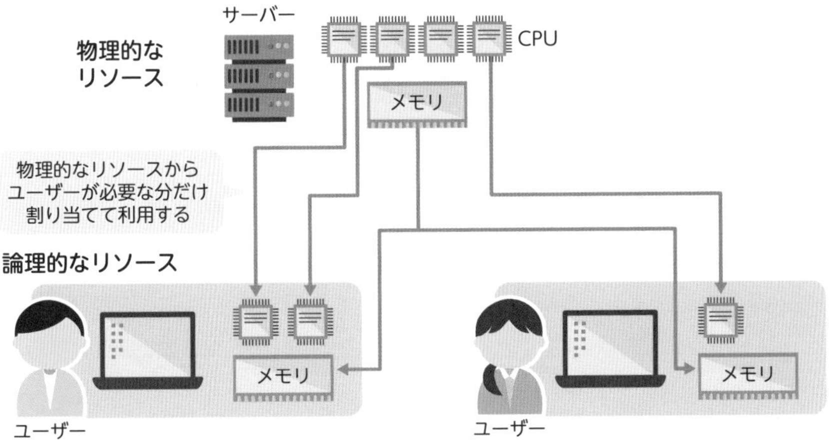

クラウドサービスの分類

クラウドは、クラウドベンダーが提供するサービス範囲に応じて、いくつかに分類することができます。代表的なものは以下のとおりです。

・SaaS（Software as a Service：読み方「サース」）

SaaSは、クラウドベンダー側で、システムに必要なすべての要素（ハードウェア、OS、ミドルウェア、アプリケーション）を提供するサービス形態です。ユーザーは、提供されたアプリケーションをエンドユーザーとして利用します。Google社のG Suite、salesforce.com社のSales Cloud、Microsoft社のOffice 365などが代表例です。なお、ミドルウェアは、OS上にインストールして使用するソフトウェアのことです。アプリケーションの汎用的な仕組みをミドルウェアとして切り離すことで、開発するアプリケーションの規模を減らすことができます。DBMS（データベース管理システム）やWebサーバーなどがミドルウェアにあたります。

・PaaS（Platform as a Service：読み方「パース」）

PaaSは、クラウドベンダー側で、アプリケーションを動作させるための環境（ハードウェア、OS、ミドルウェア）を提供するサービス形態です。ユーザーは、目的に合ったアプリケーションを開発し、クラウド上で実行して利用します。Google社のGoogle App Engine、salesforce.com社のSalesforce Platform、Microsoft社のMicrosoft Azureが代表例です。

・IaaS（Infrastructure as a Service：読み方「イアース」）

IaaSは、クラウドベンダー側で、ハードウェアやOSを搭載したコンピューターを提供するサービス形態です。ユーザーは、目的に合ったソフトウェアを自由にインストールしてWebサーバーとして利用したり、データを蓄積するストレージとして利用します。Google社のGoogle Compute Engine、Amazon.com社のAmazon EC2やAmazon S3が代表例です。

主要なクラウドサービス

・Amazon Web Services（AWS）

Amazon Web Services（**AWS**）は、2019年時点で世界の22の地域（リージョン）にデータセンターを用意して、165以上のフル機能をサービスとして運用しています。機械学習、IoT、人工知能などの分野で、新しいサービスが数多くリリースされています。

■ Amazon Web Services（https://aws.amazon.com/）

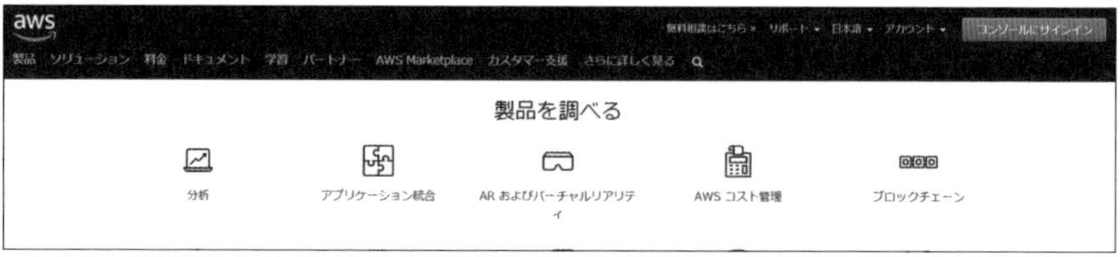

AWSで提供されている主なサービスとして、クラウド内の仮想サーバーを提供する「Amazon Elastic Compute Cloud（EC2）」、クラウド内のストレージを提供する「Amazon Simple Storage Service（S3）」があります。

また、IoTに関連するサービスとして、「AWS IoTサービス」を提供しています。エッジデバイス向けの「デバイスソフトウェア」、デバイスとクラウドを安全に接続してデータのやり取りを行う「コントロールサービス」、IoTデータを分析・解析して状況に応じた処理を行う「データサービス」から構成されています。

・Google Cloud Platform（GCP）

Google Cloud Platform（GCP）は、2019年時点で世界の20の地域（リージョン）にデータセンターを用意して、160を超えるサービスを運用しています。

GCPで提供されている主なサービスとして、高性能な仮想マシンを提供する「Google Compute Engine」、クラウド内でオブジェクトストレージを提供する「Google Cloud Storage」、アプリケーションのプラットフォーム（実行環境）としてPaaSの代表例である「Google App Engine」があります。

■Google Cloud Platform（https://cloud.google.com/）

また、IoTに関するサービスとしては、IoTデバイスを安全に接続し、データの取り込みまでを管理する「Google Cloud IoT Core」、エッジデバイスでAIを実行する集積回路（ASIC）を提供する「Edge TPU」から構成されています。

・Microsoft Azure

Microsoft Azureは、2019年時点で世界の54の地域（リージョン）にデータセンターを用意して、230を超えるサービスを運用しています。

Microsoft Azureで提供されている主なサービスとして、仮想マシンを提供する「Virtual Machines」、クラウド内でストレージを提供する「Storage」、画像や音声などをAIを活用して認知する「Cognitive Services」があります。

また、IoTに関するサービスとしては、エッジデバイスのOSを提供する「Windows 10 IoT Core Services」、大量なIoTデバイスとクラウドとの双方向通信を管理する「Azure IoT Hub」などで構成されています。

■ Microsoft Azure (https://azure.microsoft.com/)

・**Salesforce**

salesforce.com社が提供するクラウドサービスは、営業支援として世界No.1のCRM（顧客管理）を提供しています。SaaSの形態では、営業支援の「Sales Cloud」、カスタマーサービスの「Service Cloud」、マーケティングの「Marketing Cloud」などを提供しています。また、salesforce.com社のクラウド環境上で、アプリケーションを開発、実行できる環境を「Lightning Platform」としてPaaSの形態で提供しています。

■ Salesforce (https://www.salesforce.com/)

模擬問題

6-2 Google Compute EngineやAmazon Elastic Compute Cloud（EC2）に代表されるサービスで、システムを構成するハードウェアやネットワーク、OSなどを提供し、ユーザーはネットワーク経由でそれらを使用するクラウド上のサービス提供形態を選んでください。

（ア）SaaS

（イ）IaaS

（ウ）PaaS

6-3 サーバー、ネットワーク、ストレージなどの物理的なリソースを、複数の論理的なリソースに分割したり、単一の論理的なリソースに統合して利用するなど、リソースを抽象化して利用する仕組みを表す用語として正しいものを選んでください。

（ア）オンプレミス

（イ）ミドルウェア

（ウ）仮想化

6-4 仮想マシンとして「Compute Engine」、オブジェクトストレージとして「Cloud Storage」という名称でクラウドサービスを提供しているクラウドベンダーを選んでください。

（ア）Amazon

（イ）Google

（ウ）Microsoft

6-5 主要クラウドベンダーであるAmazon、Google、Microsoftの各社が提供するクラウドサービスの総称として正しいものを選んでください。

（ア）Amazon Web Services

（イ）Google Web Services

（ウ）Microsoft Web Services

▶▶ 解答はpp.217-218

39 分散処理とストリーム処理

大量のデータが蓄積されているクラウド上で、頻繁に到着するデータを即時に処理するためには何かしらの仕組みが必要となります。ここでは、その仕組みである分散処理、ストリーム処理について解説します。

分散処理とは

クラウドでは、大量のデータがビッグデータとして蓄積され、IoT活用によりさらにそのデータ量が増大する一方です。コンピューターでは、データの格納はストレージ装置（ディスクなど）に対して行うことになりますが、このディスクの読み書きが非常に遅いため、全体の処理時間が遅くなり、性能劣化につながります。クラウド上では、大量のデータを扱うため、処理時間が非常にかかってしまうと使い物になりません。従来どおり、1台のコンピューターでそれぞれが管理するディスクにデータを読み書きする処理方式には限界があります。そこで、大量のデータを複数に分割し、複数台のコンピューターで同時並行に処理することで、全体の処理時間を減らそうとする**分散処理**がクラウドでは用いられるようになりました。特に、Googleが独自に考案したMapReduceは、分散処理フレームワークとして有名です。

■ 分散処理を実施していない場合

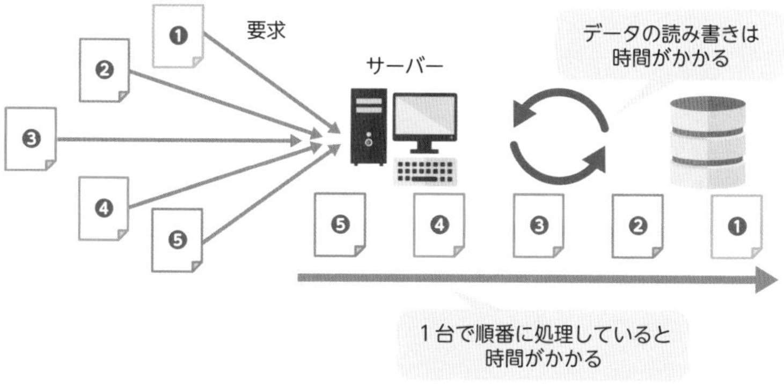

■ 分散処理を実施する場合

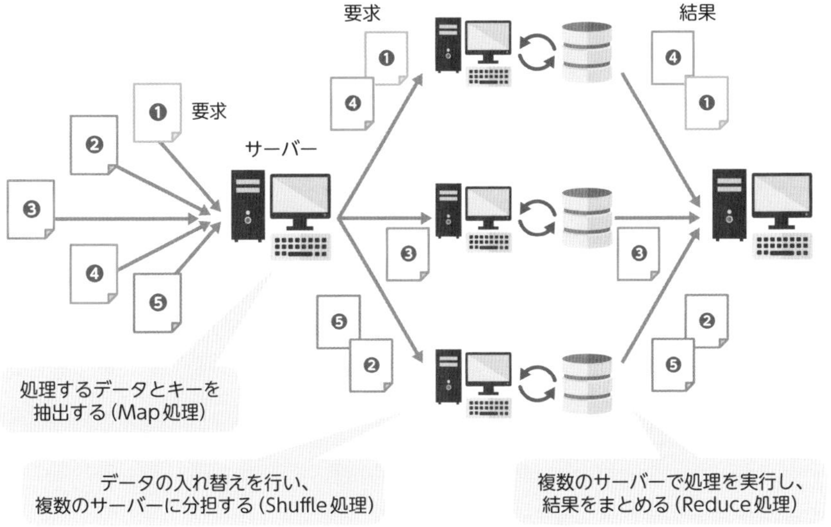

Apache Hadoopとは

Googleは、分散処理フレームワークのMapReduce、分散処理ファイルシステムのGFS（Google File System）を論文として発表しました。その後、これらを取り入れた分散処理基盤がApache Software Foundationによりオープンソースとして提供され、**Apache Hadoop**として、一気に分散処理が世の中に浸透していきました。Apache Hadoopは、以下の3つの構成要素を中心に構成されています。

・分散処理フレームワーク　：　Hadoop MapReduce

このフレームワークに従い、MapperとReducerというプログラムを作成することで、並列分散処理を実現します。

・分散処理ファイルシステム　：　HDFS（Hadoop Distributed File System）

ファイルの読み書きを高速化するために、複数台のストレージにデータを分散して格納し、並列して読み書きができるように管理した仕組みです。

・**列指向分散データベース　：　HBase**

HDFS上に構築した分散データベースで、書き込み性能を劣化させない特徴を持っています。

分散処理フレームワーク Hadoop MapReduce

分散処理フレームワークのHadoop MapReduceでは、Map、Shuffle、Reduceの3つのフェーズで処理が実行されます。Map処理では、処理するデータをKeyとValueのペアとして抽出していきます。Shuffle処理では、Keyが同じものどうしを集めるなどして、データの入れ替えを行います。そして、Reduce処理では、目的に応じた計算や処理を実行し、最終的に1つの結果として取りまとめられます。このフレームワークを利用すれば、Map処理をMapper、Reduce処理をReducerというプログラムを作成するだけで、簡単に分散処理を実現することが可能です（p.201の図参照）。

Apache Sparkとは

Apache Sparkは、カリフォルニア大学バークレー校で開発された後、2014年にApache Software Foundationへ寄贈されたオープンソースの分散処理フレームワークです。

前述のApache Hadoopでは、ストレージから繰り返しデータを読み書きする必要があり、処理効率に課題がありました。Sparkでは、ストレージから呼び出されたデータは、メモリ上で処理、保持されます。一連の処理が終了した後、ストレージに書き込むことで、処理性能を向上させています。つまり、Hadoopが持つ特徴である分散処理ファイルシステムに対し、Sparkは分散共有メモリの仕組みが用意されています。これは、RDD（Resilient Distributed Datasets）と呼ばれ、データをいくつかの塊に分割（パーティション化）し、それらが複数台のコンピューターのメモリ上に配置されます。

SparkはHadoopを完全に置き換えて利用するのではなく、共存することが可能であり、それぞれのメリットを生かすことで、安価で、高速で、耐障害性にも優れたシステムを構築できます。Hadoopが持つ分散処理フレームワークのMapReduce部分を、Sparkのフレームワークを利用してアプリケーションを開発して、分散並列処理を実現させることができます。なお、HadoopはJava言語で開発されているのに対し、SparkはScala言語で開発されています。

ストリーム処理とは

ストリーム処理とは、大量発生するデータを逐次リアルタイムに処理することです。継続的に処理され、低遅延である特徴を持っています。Twitterでのつぶやきのように、連続的に発生する大規模データ分析を高速に実施したり、異常値や不正値の検出や、クラウド課金などに用いられています。

一方、データストアに格納されたデータを一括処理するHadoop MapReduceやApache Sparkはバッチ処理として定期的に実行されます。

■ストリーム処理を実施していない場合（Apache Hadoop、Apache Sparkなど）

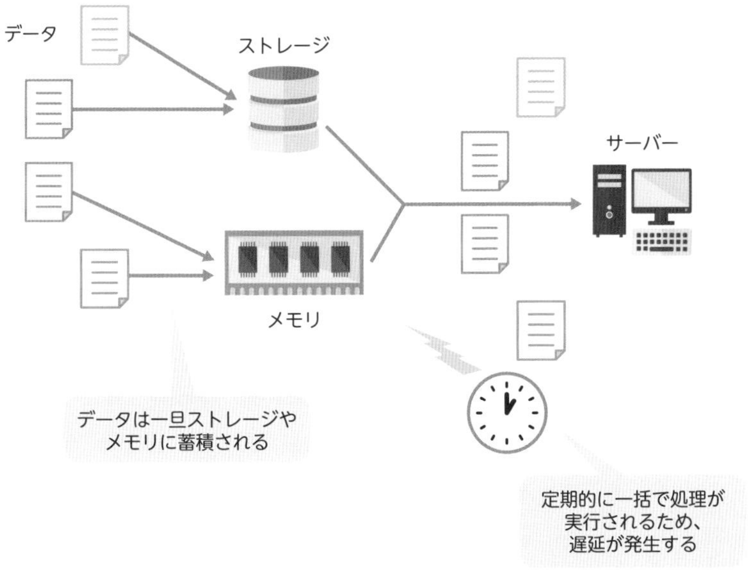

ストリーム処理は、世の中にいくつかの実装が存在しますが、その中の1つに**Apache Storm**があります。Stormでは、データの生成元となるノードとしてSpout（スパウト）があり、ここからデータを受け取り、随時処理を実行す

るBolt（ボルト）があります。Boltで処理されたアウトプットデータは、また後続のBoltへと引き渡されていきます。Apache Stormでは、このSpoutとBoltの箇所を、Java言語などでアプリケーション開発して使用します。

■ ストリーム処理を実施する場合 (Apache Stormなど)

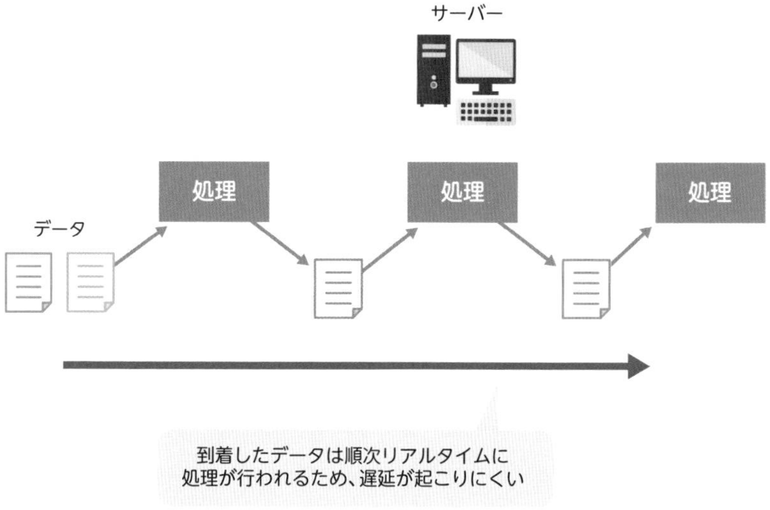

COLUMN

Apache HadoopやApache Sparkも手軽にクラウド提供されている

Apache HadoopやApache Sparkは、ビッグデータの分析には欠かすことのできない仕組みになっていますが、いずれもオープンソースとして提供されていますので、各サイトからソフトウェアをダウンロードすれば環境を用意することは可能です。ただ、いずれも分散処理を行うためには、多数のサーバーを用意し、それらに同じように環境を構築することは非常に大変です。そこで、各クラウドベンダーは、Apache Hadoop、Apache Sparkなどのオープンソースシステムを備えたサービスを提供しています。これらを活用することで、効率的で柔軟性のあるシステムを迅速に準備できます。代表的なサービスは以下のとおりです。

・AWS　：　Amazon EMR　https://aws.amazon.com/jp/emr/
・GCP　：　DATAPROC　https://cloud.google.com/dataproc/
・Azure　：　HDInsight　https://azure.microsoft.com/ja-jp/services/hdinsight/

模擬問題

6-6 Apache Hadoopの構成要素で、分散処理フレームワークとして並列分散処理を容易に実現しているものを選んでください。

(ア) Hadoop MapReduce

(イ) HDFS

(ウ) HBase

6-7 Hadoop MapReduceは大きく3つのフェーズで処理が実行されています。その中で、処理するデータをKeyとValueのペアとして抽出する処理を選んでください。

(ア) Reduce処理

(イ) Map処理

(ウ) Shuffle処理

6-8 Apache Hadoopに対するApache Sparkの特徴として、正しいものを選んでください。

(ア) 複数マシンのストレージでデータは管理される

(イ) 分散共有メモリの仕組みにより、より高速な処理が実現できる

(ウ) ストリーム処理が可能で、随時リアルタイムに処理が実行される

6-9 Apache Stormの説明として、正しいものを選んでください。

(ア) 動画のストリーミング配信専用のシステム基盤である

(イ) ストレージに格納されているデータをバッチ処理する仕組みである

(ウ) 連続的に発生するビッグデータを逐次リアルタイムに処理する仕組みである

›› 解答はpp.218-219

40 データ処理

IoTでは、センサー等で収集したデータを蓄積、分析します。データのフォーマットはいくつか存在し、それぞれの特徴を理解して利用することが重要です。そこで、データフォーマットと、データ処理技術の代表的な種類と特徴を解説します。

データフォーマット

IoTでは、センサーで収集されたデータは、クラウドなどに送られ、分析、格納されます。IoTに限らず、システムでデータを扱う際には、あらかじめデータのフォーマットを定めておく必要があります。システム相互で異なるデータフォーマットと認識していると、正しくデータを伝えることができません。実際にシステムで利用されるフォーマットは、以下の3つが代表的であり、それぞれに特徴があります。

・CSV（Comma Separated Values）
・XML（Extensible Markup Language）
・JSON（JavaScript Object Notation）

・CSVとは

CSV形式は、カンマ形式とも呼ばれ、古くから利用されているデータフォーマットの1つです。

各データをカンマで区切って表現し、1行が1件分のデータを表します。シンプルなデータ構造であり、データサイズも少なく済むケースが多いです。

カンマで区切った各項目の順番がとても重要で、あらかじめ1つ目の項目は測定日時、2つ目の項目は測定場所などのような順序で各データ項目が並んでいるかを決定しておく必要があります。そのため、送信側と受信側で、このデータ項目の並び順が合っていないと、正しくデータを渡すことができません。運用後にデータ項目を途中に追加したり、項目順を入れ替えると、お互いのデータ送受信のプログラムを修正する必要が出てきます。

　また、途中のデータ項目が存在しない場合でも、必ずカンマを記述して該当の位置まで認識させる必要があるため、IoTのようにたくさんの種類のセンサーから、さまざまなデータを収集する場合は非効率なデータとなります。

　あらかじめ、データ項目を決定できる定型的なデータで、全体のデータ項目数があまり多くない場合には向きますが、データ項目の変更が多かったり、扱うデータの種類が多い場面では向きません。

・XMLとは

　XML形式は、共通の基本構文を用い、言語拡張を容易にしたマークアップ言語です。< >記号で囲まれたタグと呼ばれる情報を表記することで、データに何らかの意味を付加して利用します。これにより、CSV形式の課題であった、データ項目の並び順に関しては、タグに付ける項目名を送受信する双方で決めておけば特に意識する必要がなくなります。たくさんのデータの種類の中から、ごく一部のデータだけを含める場合であっても、CSVのように無駄にカンマで位置合わせする必要はありません。

　ただし、すべてのデータ項目の前後をタグで囲む必要があり、CSV形式のようにカンマで区切る方式と比べると多少なりともデータサイズが大きくなってしまいます。

・JSONとは

　JSON形式は、Webで利用されるスクリプト言語であるJavaScriptのオブジェクト表記をベースとし、システム間やプログラム間でデータの受け渡しを行うための軽量なデータ記述言語です。実際のデータとキーと呼ばれる項目をセットにして表記します。このキーがXML形式のタグと同様の働きをしますので、データの表記順は特に意識する必要はなく、位置合わせのための無駄なカンマも必要ありません。また、XML形式ではデータの終了部分にタグで項目名をもう一度表記しますが、JSON形式ではカンマを用いてデータの区切りを表しています。そのため、XML形式に比べてデータサイズを少なくすることができ、より軽量なデータ表記方法となります。

■ データ処理

CSV

```
2019/11/11,13:10:00,20.3,55.1,Osaka
2019/11/11,14:10:00,22.7,53.3,Nara
```

データ項目はカンマで区切るため、項目順が変更になると、このデータを利用するプログラムの変更が必要となる

XML

```
<measurement data>
  <date>2019/11/11</date>
  <time>13:10:00</time>
  <temperature>20.3</temperature>
  <humidity>55.1</humidity>
  <location>Osaka</location>
</measurement data>
<measurement data>
  <date>2019/11/11</date>
  <time>14:10:00</time>
  <temperature>22.7</temperature>
  <humidity>53.3</humidity>
  <location>Nara</location>
</measurement data>
```

データ項目ごとにキーとなる項目名が付いているため、項目順が変更となってもプログラムの変更は必要ない

JSON

```
{
  "measurement data": [ {
    "date": "2019/11/11",
    "time": "13:10:00",
    "temperature": 20.3,
    "humidity": 55.1,
    "location": "Osaka"
  },
  {
    "date": "2019/11/11",
    "time": "14:10:00",
    "temperature": 22.7,
    "humidity": 53.3,
    "location": “Nara“
  } ]
}
```

"humidity" : 55.1,

キー　値

55.1という値だけだと、何を表しているか不明ですが、humidity（湿度）というキーが付くことで、データの意味も理解しやすくなる

Web API

IoTでは、センサーで収集したデータをクラウド上に送受信し、データ処理する機能を利用してシステムを構成しますが、このときに、あらかじめ取り決めた方法で依頼したり、取り決めた項目のデータを渡す必要があります。このように、提供する機能に対する利用の仕方を仕様として取りまとめているものを**API**（Application Programming Interface）と呼び、特にインターネットを介してWebの仕組みとして公開されているものをWeb APIと呼びます。**Web API**では、インターネットで利用されているHTTPの仕組みに従って、HTTPリクエストとして処理の依頼を行うと、HTTPレスポンスとして処理結果を受け取ることができます。このWeb APIの代表的なものとして以下の3種類を紹介します。

・SOAP (Simple Object Access Protocol)

SOAPはXML形式で表現されたSOAPメッセージを用いて情報交換する仕組みです。異なるプラットフォーム上で動作するように構築されたシステム間を連携させ、それぞれのソフトウェアが相互運用できることを目的としたWebサービスに欠かすことができない仕組みです。どのようなWebサービスがどこにあり、どのようにアクセスすればいいかなどをWSDL（Web Services Description Language）という記述言語で記し、UDDI（Universal Description, Discovery and Integration）と呼ばれるWebサービスの検索システムに登録して公開します。このUDDIを検索することで、目的のWebサービスを探し出し、システム連携させることができましたが、現在はこの形式はほとんど利用されていません。

・REST (REpresentational StateTransfer)

RESTは元々、システムの設計原則を集めたもので、「アドレス指定可能なURIが公開されている」、「統一されたインターフェースを持つ」、「ステートレス」、「別のリソースとの関連を表すリンクを持つ」といった4つの設計原則が提言されていました。特に、リソースという情報に着目し、すべてのリソースはURIと呼ばれる識別子（固有なアドレス）で表現することができます。そのリソースに対して、どのような操作を実施するかは、原則HTTPが持つメソッド（GET、POSTなど）に統一することで、既存の仕組みで連携できるようにしています。

AWS、Google、Azureなどクラウドベンダーが提供するクラウドサービスでは、**REST API**が提供されており、プログラムからこれらのクラウドベンダーの機能を呼び出して利用することができます。また、TwitterもREST APIを提供しており、プログラムからツイートデータにアクセスし、データの読み書きを行うことができ、現在のインターネット上の各サイトで広く利用されています。

■ REST

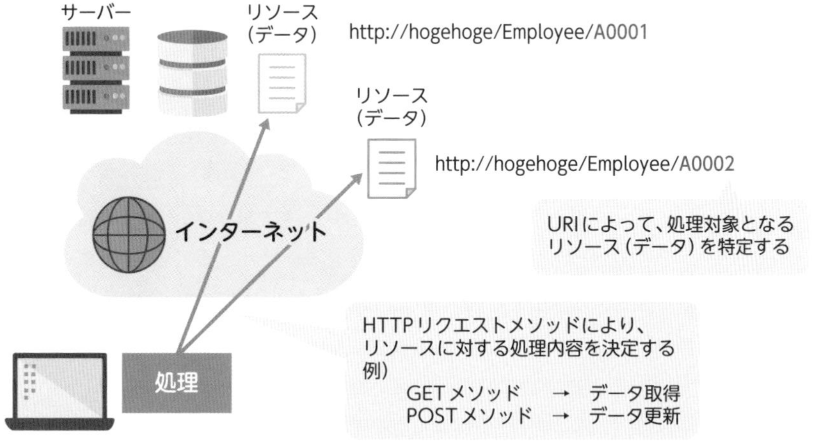

・RPC (Remote Procedure Call)

RPCは、あるコンピューターで実行されているプログラムから、ネットワーク経由で接続された他のコンピューター上のプログラムを遠隔から呼び出し、実行する仕組みです。古くから存在する仕組みですが、最近では、インターネットで利用されるHTTPなどの通信の仕組みを利用し、データを送受信することで連携させています。送受信するデータ形式の違いにより、XML-RPCやJSON-RPCなどが存在します。

模擬問題

6-10 共通の基本構文を用い、言語拡張を容易にしたマークアップ言語として、正しいものを選んでください。

（ア）CSV

（イ）XML

（ウ）JSON

6-11 JSON形式の表記方法として、正しいものを選んでください。ただし、key1、key2はキー項目、value1、value2はデータ項目を表すものとします。

（ア）{ value1 : key1, value2 : key2 }

（イ）<key1>value1</key1><key2>value2</key2>

（ウ）{ key1 : value1, key2 : value2 }

6-12 以下の中で、WebAPIに分類される仕組みとして、正しいものを選んでください。

（ア）JSON

（イ）SOAP

（ウ）AWS

6-13 WebAPIの1つであるRESTの説明として、正しいものを選んでください。

（ア）「アドレス指定可能なURIが公開されている」などの4つの設計原則が提言されている

（イ）メソッドと呼ばれる動作に着目し、すべてのメソッドをURIで表現する

（ウ）インターネットで利用されているHTTPでは利用できない

▶▶ 解答 はpp.219-220

41 データ処理プログラム

データを処理するためには、その仕組みをプログラムとして作成しておく必要があります。プログラムの作成方法は多数ありますが、ここではIoTに限らず、最近よく利用されているPythonと、Webでよく利用されているJavaScriptを中心に解説します。

データ処理のためのプログラム

IoTシステムを構築するにあたり、センサーから情報を収集したり、収集したデータをクラウドに送受信したり、溜まったデータを分析したりする機能が必要となります。

これらは、コンピューター上であらかじめそれぞれの機能に対応したプログラムを作成し、実行することで実現します。これらのデータ処理を行うためのプログラムはさまざまな方法で開発することができます。ここでは、主な開発プログラムの例として以下の3つを紹介します。

・Python

Pythonは1991年に登場したプログラム言語で、スクリプト言語の特徴を持ち、ソースコードを事前にコンパイルすることなく実行できるインタープリタ型の開発言語です。

現在よく利用されているJavaやC#といったプログラム言語で用いられているオブジェクト指向に加え、古くから利用されているC言語やCOBOLといった手続き型にも対応しているため、幅広い開発者がスムーズに対応できるプログラム言語です。

ソースコードの可読性を高めるような文法となっており、プログラムが作りやすく、読みやすいというのが特徴でもあります。

また、Pythonにはプログラムを開発する際に便利なライブラリ（プログラム集）が豊富にあり、インターネットを介して、これらのライブラリが共有されています。

特に、NumPyやSciPyなど数値計算に関するライブラリなどが充実しているため、データサイエンスや機械学習、AIなど、現在注目の分野に活用できるので、ここ数年で一気に注目を浴びているプログラム言語といえます。

■ Pythonプログラムの例（RaspberryPiでLEDを点滅するプログラム）

```
import RPi.GPIO as GPIO
import time

GPIO.setmode(RPi.GPIO.BCM)
GPIO.setup(11, GPIO.OUT)

for x in range(5):
  GPIO.output(11, True)
  time.sleep(2)
  GPIO.output(11, False)
  time.sleep(2)

GPIO.cleanup()
```

6 プラットフォーム

・JavaScript

JavaScriptは1995年に登場したオブジェクト指向型のスクリプト言語で、Webブラウザ上で動作することが特徴です。

Pythonと同様、スクリプト言語であるため、ソースコードを事前にコンパイルする必要はなく、Webサーバー上にJavaScriptのソースコードをファイルとして格納しておくか、HTMLの中にソースコードを記述することで、Webブラウザ上にダウンロードされた後に実行されます。

そのため、Webブラウザを利用しているユーザーに対し、クライアント側でプログラムを実行することで、レスポンスを速くしたり、HTMLでは表現できない動きのあるコンテンツを提供することができます。例えば、Googleなどの検索サイトで、検索キーワードの頭文字を何文字か入力すると、自動的に候補となる言葉が一覧で表示するキーワードサジェスト機能は、JavaScriptを用いた**Ajax**（Asynchronous JavaScript + XML）という仕組みでできています。Webアプリケーションが主流となった現在では、クライアント側の動作については、JavaScriptが重要な位置づけとなっています。

■ JavaScriptの利用例（Ajaxの仕組みを利用したキーワードサジェスト機能）

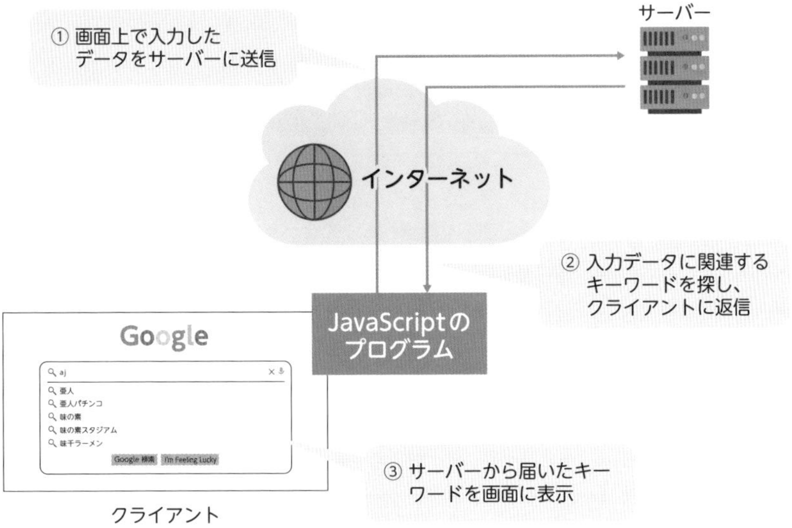

・Node.js

Node.jsは2009年に登場したサーバーサイドJavaScript環境です。Webアプリケーションが主流となり、クライアント側であるWebブラウザ上で動作するプログラムがJavaScriptで開発されるため、サーバー側も同じJavaScriptで開発できれば効率化が図れます。

Node.jsで開発したプログラムはメモリ消費量が少なく、非同期処理が実行できることから、リアルタイム処理に向き、同時にたくさんのクライアントが接続する環境でも対応できるという特徴があります。

例えば、ゲームアプリなどで複数のユーザー間でメッセージ交換を行うチャット機能は、Node.jsで作ることができます。

1人のユーザーが送信したメッセージは、Node.jsを実行できるサーバーに届き、JavaScriptで作成したプログラムがそのサーバー上で実行されます。届いたメッセージは、リアルタイムに他のユーザーのクライアントに送信されます。

■Node.jsの利用例

チャットアプリ

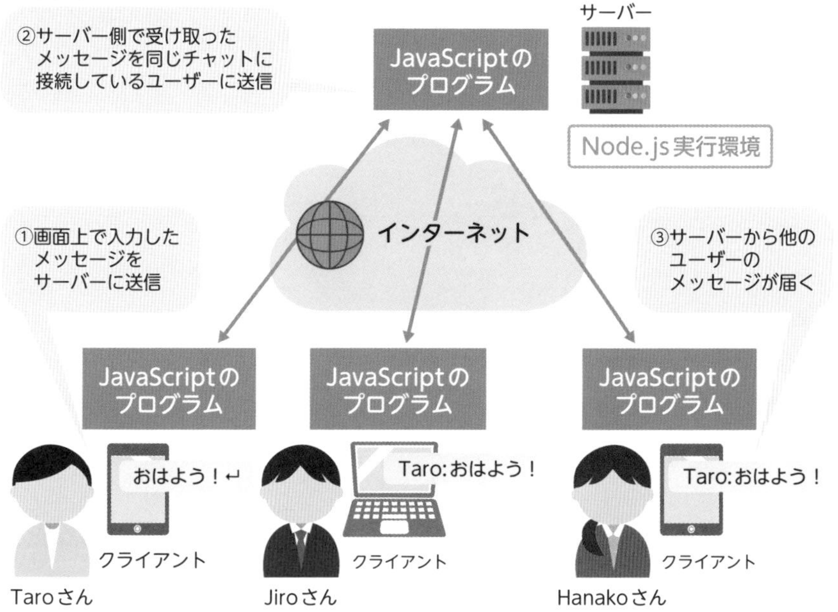

Node.jsを利用している1つの例として、Node-REDがあります。これは、GUIを活用して、ノンプログラミングでIoTアプリケーションを開発するオープンソースソフトウェアです。Node.jsが動作できる環境上に、Node-REDをインストールして使用します。IoTデバイスとしてよく利用されているRaspberry Pi上や、クラウド上で利用することができます。

次の図の画面は、Raspberry PiにNode-REDをインストールし、Raspberry Piに接続したLEDを1秒ごとに点灯、消灯を繰り返すプログラムです。画面右上のデプロイボタンをクリックすることで動作させることができます。この画面は、Webブラウザでアクセスすることで表示されますが、Node-REDではこの開発画面をNode.jsを利用して動作させています。

■ Node-RED (https://nodered.org/)

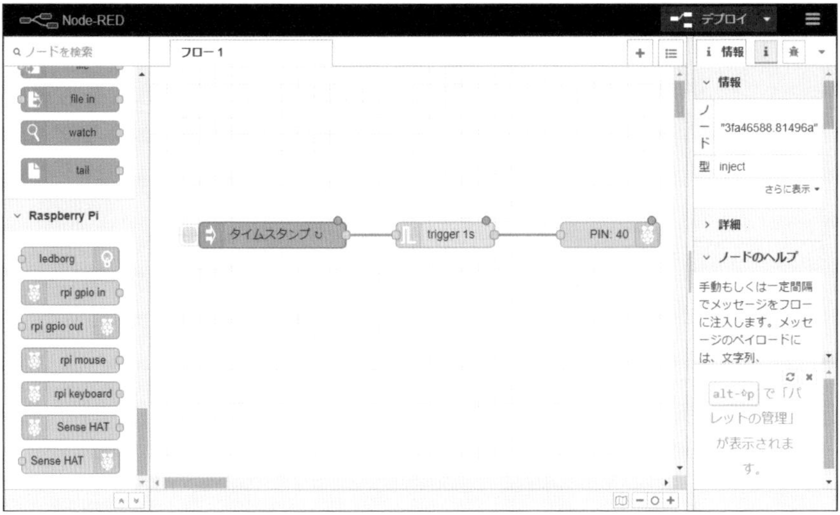

模擬問題

6-14 プログラム言語Pythonの特徴として、正しいものを選んでください。

(ア) オブジェクト指向でのみプログラムが開発できる

(イ) 作成したソースコードは事前にコンパイルしてから実行する

(ウ) NumPyやSciPyといった数値計算のライブラリが用意されている

6-15 サーバーサイドのみで実行するスクリプト言語のプログラミング環境として、正しいものを選んでください。

(ア) Python

(イ) JavaScript

(ウ) Node.js

▶▶ 解答 はp.220

模擬問題解答

6-1の解答　(ウ)

解説　フォグコンピューティングは、クラウドで実行していたものを完全に置き換えるものではなく、リアルタイム性が求められる低遅延なものをエッジ側で処理し、そのほかはクラウド側で処理します。そのため、(ウ)は誤りです。

6-2の解答　(イ)

解説　クラウドサービスは、クラウドベンダーが提供する要素の違いにより、以下のとおりいくつかの種類に分類されます。SaaSはシステムに必要なすべての要素を提供します。PaaSはアプリケーションを動作させるための環境を提供します。IaaSはハードウェアやOSを搭載したコンピューターを提供します。問題文では、「システムを構成するハードウェアやネットワーク、OSなどを提供する」と書かれていますので、(イ)のIaaSが最もふさわしい選択肢となります。

6-3の解答　(ウ)

解説　物理的なリソースを、複数の論理的なリソースに分割して利用することを(ウ)の仮想化といいます。なお、(ア)のオンプレミスとは、自社内にコンピューターやネットワークの機器を用意し、企業自らで構築、運用する形態を指す言葉です。(イ)のミドルウェアは、OS上にインストールして使用するソフトウェアで、アプリケーションの汎用的な仕組みをミドルウェアとして切り離すことで、開発するアプリケーションの規模を減らすことができます。DBMS(データベース管理システム)やWebサーバーなどがミドルウェアにあたります。

6-4の解答　(イ)

解説　仮想マシンとして「Compute Engine」、オブジェクトストレージとして「Cloud Storage」という名称でサービスを提供しているのは(イ)

のGoogleです。なお、（ア）Amazon、（ウ）Microsoftはそれぞれ仮想マシン、オブジェクトストレージを以下の名称で提供しています。

（ア）Amazon：仮想マシン「Amazon Elastic Compute Cloud（EC2）」、オブジェクトストレージ「Amazon Simple Storage Service（S3）」

（ウ）Microsoft：仮想マシン「Virtual Machines」、オブジェクトストレージ「Storage」

6-5の解答 （ア）

解説 Amazon、Google、Microsoftの各ベンダーが提供するクラウドサービスの総称は、それぞれ「Amazon Web Services（AWS）」、「Google Cloud Platform（GCP）」、「Microsoft Azure」です。したがって、選択肢の（ア）のAmazon Web Servicesが正しく、（イ）、（ウ）のような名称は存在しません。

6-6の解答 （ア）

解説 Apache Hadoopは、以下の3つの構成要素を中心に構成されています。

（ア）分散処理フレームワーク：Hadoop MapReduce

（イ）分散処理ファイルシステム：HDFS（Hadoop Distributed File System）

（ウ）列指向分散データベース：HBase

問題文では、「分散処理フレームワークとして並列分散処理を容易に実現しているもの」が問われていますので、（ア）のHadoop MapReduceが正しいです。

6-7の解答 （イ）

解説 Hadoop MapReduceの3つのフェーズで以下の順序で実行されます。

（イ）Map処理：処理するデータをKeyとValueのペアとして抽出

（ウ）Shuffle処理：データの入れ替え（Keyが同じものどうしを集めるなど）

(ア) Reduce処理：処理を実行し、結果をまとめる

問題文では、「処理するデータをKeyとValueのペアとして抽出する処理」が問われていますので、(イ) のMap処理が正しいです。

6-8の解答 (イ)

解説 Apache Sparkは分散共有メモリの仕組みにより、Apache Hadoopに比べてより高速な処理が実現できているため、(イ) が正解です。(ア) はApache Hadoopでも同様であり、(ウ) はApache Stormに関する特徴を表しています。

6-9の解答 (ウ)

解説 Apache Stormは、大量発生するデータを逐次リアルタイムに処理するストリーム処理を実現するもので、(ウ) が正解です。(ア) の動画のストリーミング配信とストリーム処理は特に関係ありません。(イ) のバッチ処理の仕組みは、Hadoop MapReduceやApache Sparkに関する特徴です。

6-10の解答 (イ)

解説 データフォーマットの中で、問題文の記載のとおり言語拡張を容易にしたマークアップ言語は、(イ) のXMLです。(ア) のCSVは、データをカンマで区切って表現します。また、(ウ) のJSONは、JavaScriptのオブジェクト表記をベースとしたデータ記述言語です。

6-11の解答 (ウ)

解説 JSON形式は、(ウ) のように、キー項目とデータ項目をコロン：で区切り、各データ項目はカンマで区切って表記します。また全体を中カッコ {} で囲みます。(ア) は、キー項目とデータ項目の記述の順が逆転しています。また、(イ) はXML形式の表記方法です。

6-12の解答 (イ)

解説 インターネットを介して提供する機能に対する仕様をAPI

（Application Programming Interface）で公開しているものをWeb APIと呼びます。代表的なものとして、（イ）のSOAP、REST、RPCなどがあります。（ア）のJSONは、JavaScriptのオブジェクト表記をベースとしたデータ記述言語です。（ウ）のAWSは、クラウドベンダーAmazonが提供しているクラウドサービスの総称です。

6-13の解答　（ア）

解説　RESTには、（ア）のように「アドレス指定可能なURIが公開されている」、「統一されたインターフェースを持つ」、「ステートレス」、「別のリソースとの関連を表すリンクを持つ」といった4つの設計原則が提言されています。（イ）は、メソッドに着目するのではなく、リソースという情報に着目し、すべてのリソースをURIで識別します。（ウ）は、HTTPで利用できないという点が誤りです。

6-14の解答　（ウ）

解説　Pythonは、（ウ）のようにNumPyやSciPyなど数値計算に関するライブラリなどが充実しています。オブジェクト指向に加え、手続き型でもプログラム開発が行えるため、（ア）は誤りです。また、スクリプト言語であるため、ソースコードを事前にコンパイルする必要はありません。したがって、（イ）も誤りです。

6-15の解答　（ウ）

解説　問題文の「スクリプト言語を実行する」は、いずれの選択肢にも当てはまります。「サーバーサイドでのみ実行する」は、（ウ）のNode.jsのみが当てはまります。

7章

データ分析

IoTデバイスで取得したデータを活用するには、そのデータを分析することが必要不可欠です。ここでは、効率的かつ安全にデータを保存するために用いられるデータベースの基本や用語、備えている機能と保存したデータを分析するために広く使われるようになってきた人工知能（AI）について説明します。

42 データベース

大量のデータを効率的に扱うためには、データの重複を避けたり、後で呼び出しやすい形にして保存する必要があります。そのための仕組みであるデータベースについて解説します。

データベースとは

データベース（DB：Database）とは、検索や蓄積をしやすくするために一定の形式に整理されたデータの固まりのことを表します。特にコンピューター上で管理するデータの固まりをデータベースと呼ぶことが多いですが、紙の上で管理する「電話帳」や「住所録」などもデータベースに含まれます。また、コンピューター上でデータを管理するシステム（DBMS：Database Management System）のことを指す場合もあります。

データベースを使ってデータを管理するメリットには、次のようなものが挙げられます。

・複数のデータをまとめて管理できる
・目的のデータを簡単に探すことができる
・簡単に編集して使うことができる

データベースの型

データをどうやって整理して管理するかの方法を「型」と呼びます。これまでさまざまな型を利用したデータベースが生み出されましたが、以下に代表的なものを3つ紹介します。

（1）階層型データベース

階層型データベースは、データを親と子の階層構造で管理するモデルのデータベースです。親は複数の子を持つことができますが、子に対する親は1つだけとなります。データにアクセスするには、ポインタと呼ばれる親と子を結ぶ線をたどって処理されます。検索する際に必ずポインタを通るため、目的のデータに到達するまでに時間がかかり非効率であるという欠点があります。

■ 階層型データベースのイメージ

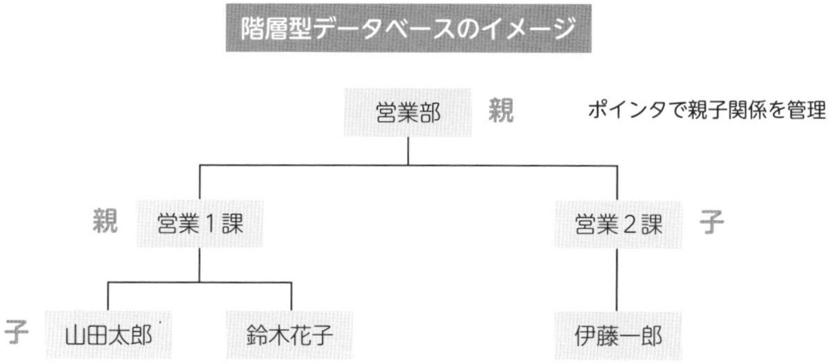

(2) ネットワーク型データベース

ネットワーク型データベースは、ポインタを用いて階層構造を構成する点では階層モデルと同じですが、多対多の親子関係を持ちます。

■ ネットワーク型データベースのイメージ

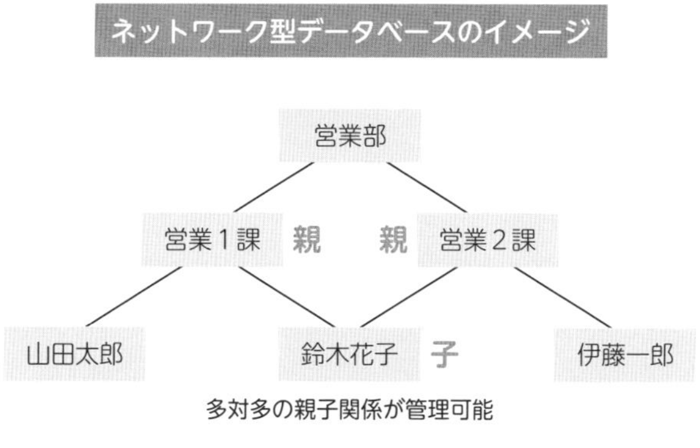

(3) リレーショナル型データベース

リレーショナル型データベースは、行と列からなる「表」で表されたデータベースです。列にはそれぞれ重複しないユニークキーが設定され、そこに行としてデータを追加していきます。表にすることによって、人間の目で見ても関係性がわかりやすくなっています。

■ リレーショナル型データベースのイメージ

リレーショナル型データベースのイメージ

受注明細テーブル

受注番号	受注明細番号	商品コード	数量
CT000101	01	NM1023	100
CT000101	02	NM1024	30
CT000102	01	TT0001	32

商品テーブル

商品コード	商品名	単価
NM0001	SUSボルト	10
NM0002	SUSナット	10
NM0003	釘	7

顧客テーブル

顧客コード	顧客名	住所	電話番号
200000	○○商事	東京都渋谷区	03-xxxx-xxxx
200001	××精機	東京都大田区	03-xxxx-xxxx
200002	□□運輸	大阪府	06-xxxx-xxxx

受注テーブル

受注番号	顧客コード	従業員コード	受注日
CT000101	201174	0005	2020/01/01
CT000102	201094	0004	2020/01/01
CT000103	200020	0010	2020/1/2

・・・リレーションシップ：テーブルどうしの関連性

正規化

正規化とは、データの冗長性を少なくし、関連性を保ちながら、表ができるだけ簡潔な形になるように分解していく作業です。正規化の手順は以下のとおりです。

・第1正規化：繰り返される部分を別の表として分割する
・第2正規化：キーの一部に従属する部分を別の表として分割する
・第3正規化：キーに間接的に従属する部分を別の表として分割する

正規化されていない場合のテーブルを先ほどのリレーショナルデータベースのイメージ図を例に記載すると下記のとおりとなります。

■ 正規化前のテーブルのイメージ

受注番号	受注明細番号	商品コード	商品名	単価	数量	顧客コード	顧客名
CT000101	01	NM1023	S45Cボルト	4	100	201174	××建設
CT000101	02	NM1024	SS400ボルト	4	30	201174	××建設
CT000102	01	TT0001	SS400ナット	4	32	201094	AA鐵工所

問い合わせ処理

問い合わせ処理とは、一般的な検索の処理で、問い合わせに対して適切なデータを返す機能です。また、データの追加や変更に対して不適切な値や重複するデータなどが入力されないかなどのチェックも行います。

■ 問い合わせ処理のイメージ

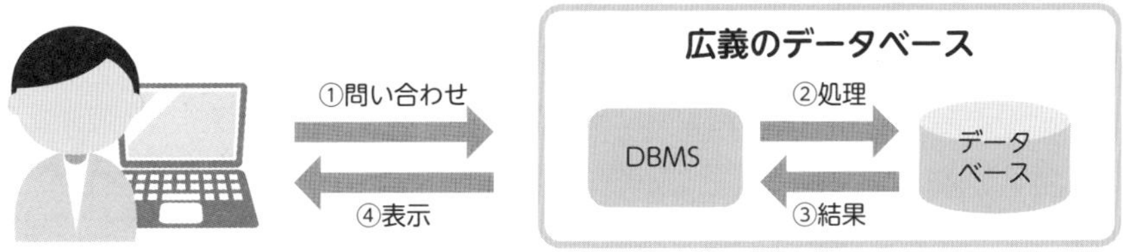

セキュリティの確保

多くのデータが保管・共有されるため、データベースはセキュリティを高く保つ必要があります。そのためにユーザーごとに検索・更新・追加・削除の権限を細かく設定し、制御できる仕様となっています。

■ ユーザーごとに制御

従業員	No等級	基本給
20117	5 A	360,000円
20118	3 A	325,000円
20119	3 B	327,000円

トランザクション処理

トランザクション処理は、複数の端末から同時に操作を行っても、正常に処理させるための機能です。例えば、注文処理の場合を考えます。ユーザーが商品Aを注文した場合、注文テーブルに注文データを登録すると同時に、在庫データから商品Aの在庫をマイナス1する必要があります。ここでトランザクション処理を行わず、1つ1つの処理を実行した場合、他のユーザーが商品Aを同じタイミングで在庫数を変更できてしまい、実際の在庫の数と在庫テーブルの数に相違が出てしまいます。

トランザクション処理では、一連の処理が確定された時点で初めて在庫テーブルの数の変更を保存するので、整合性が保たれます。

■ トランザクション処理のイメージ

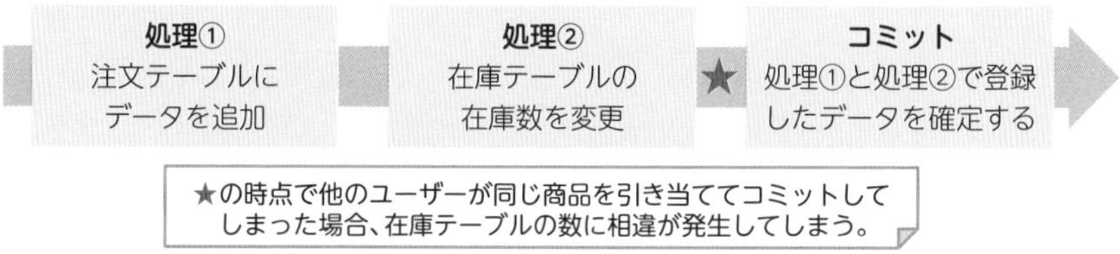

障害復旧機能

障害復旧機能とは、突然の停電などにより、障害が起きたときには、ログファイルから元の状態にデータベースを戻す機能です。 システムがダウンした時点で、トランザクションが終了してなければロールバックし、トランザクション処理以前の状態に戻します。

例えば、ATMでお金を引き出すときは「お金をおろしたい」という要求を画面で操作します。すると以下の流れが始まります。

(1) 預金者が引き出しの指示を出す
(2) ATMは残高を確認する
(3) 問題なければ残高を計算して登録するデータベースに登録する
(4) ATMは現金を出す

(5) 預金者は現金を受け取る

ここでは、(1)～(5) の作業がすべて完了して初めて「お金をおろしたい」というリクエストに応えることができます。例えば、(3) の登録を行った後に停電が発生し、ATMから現金が出されなかった場合、預金者は現金を受け取っていないのに残高が減った状態で登録されてしまっては困ってしまいますので、その場合は (1) の状態までデータベースが自動で戻してくれるということです。

■ トランザクションとロールバック

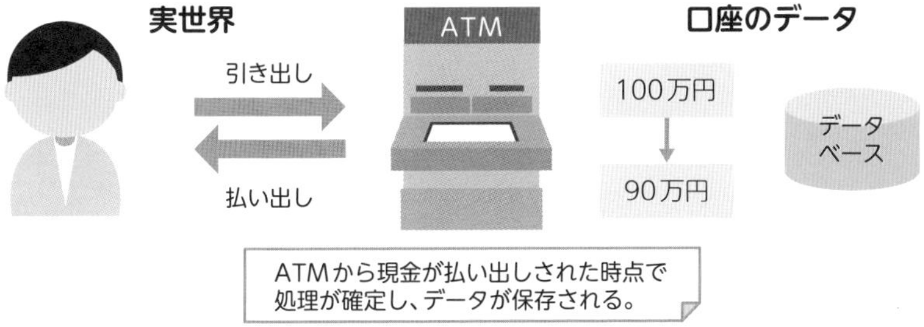

模擬問題

7-1 リレーショナル型データベースの特徴として最も適切なものを選んでください。

(ア) データを親と子の階層構造で管理するモデル

(イ) ポインタと呼ばれる親と子を結ぶ線をたどって処理

(ウ) 行と列からなる「表」で表されたデータベース

7-2 データベースの機能の説明として誤ったものを選んでください。

(ア) 欠損値の補完

(イ) セキュリティの確保

(ウ) トランザクション処理

▶▶ 解答 はp.245

43 人工知能

インターネットやIoTの普及、ハードウェア性能の向上により、研究段階を抜け出せなかった人工知能が近年実用段階に移ってきました。ここではその概要について解説します。

人工知能の定義

人工知能は、Artificial Intelligence（AI）の和訳であり、人間の脳を模倣して学習や推論をさせようとする研究分野の1つです。

人間の脳には多数の神経細胞（ニューロン）があり、電気信号が行き来していることが知られてます。その仕組みをコンピューターを使って人工的に再現できないか、現在でも世界中で研究が続いています。そのため、現時点において人工知能という言葉についての明確・厳密な定義はまだ定まっておらず、研究者によってとらえ方はさまざまな状況です。

■ 人工知能・機械学習・深層学習の位置づけ

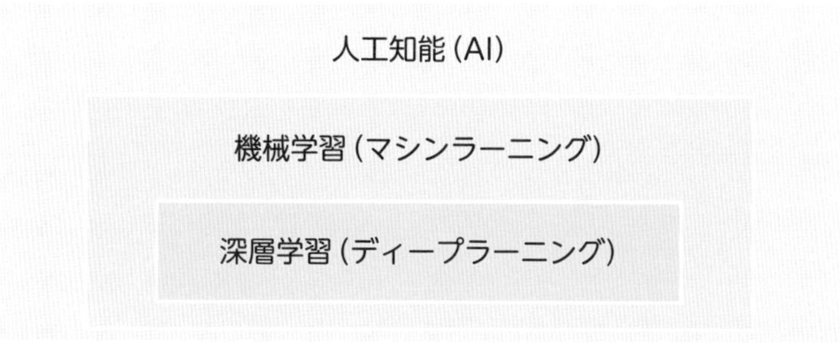

また、近年よく耳にするキーワードとして**深層学習（ディープラーニング）**があります。これは人工知能の研究分野の1つである**機械学習**の中の1つの手法となります。

そして、人工知能の実用化においては「識別」「予測」「実行」という大きく3

つの機能があるといわれております。

身近なところではECサイトのリコメンド（あなたへのお勧め）機能やスマートスピーカーの音声認識・自然言語処理などが挙げられます。そのほか、車両の自動運転であれば、画像認識で障害物や歩行者などの動きを検知して減速や停止の判断を行います。

このように実用化が進み始めていますが、「人工知能さえ導入すれば何でもできる」という誤解もまだ多いため、人工知能の正しい理解が重要であるといわれております。

■ 人工知能の実用化における機能領域

識別	予測	実行
音声認識	数値予測	表現生成
画像認識	マッチング	デザイン
動画認識	意図予測	行動最適化
言語解析	ニーズ予測	作業の自動化

出典：総務省「ICTの進化が雇用と働き方に及ぼす影響に関する調査研究（平成28年）

なお、人工知能、機械学習、ディープラーニングの3つの関係はp.228の図のようになります。

最も広義に範囲を持つのが人工知能であり、機械学習とディープラーニングを含む概念です。

人工知能の研究の歴史は古く1950年代から始まっており、「知的な機械、特に、知的なコンピュータープログラムを作る科学と技術」と言い表されることからわかるように、概念として広い定義がなされています。

IoTとAIの関係

人工知能の性能を高めるためには原則として、学習のための大量のデータが必要となります。そのため、手軽で安価にかつ、リアルタイムにデータの収集が可能なIoTと人工知能を組み合わせることは非常に有用な手法です。

具体的には、IoTで集めたビッグデータをネットワークを経由してクラウド上などに蓄積していきます。このデータ群を価値あるものにするために人工知能が活用されています。

製造業の分野では、「異常検知」や「故障予知」などが挙げられます。設備ラインに各種センサーを取り付けてデータを秒単位で収集し、人工知能で分析することで、状態を判断したり予測をしたりします。これにより、不良の発見や設備の故障を事前に知ることなどが人手を介さずに実現できるようになります。

農業の分野では、田んぼや畑、ビニールハウス内などで、温度・湿度・日射量・土壌内の水分量・二酸化炭素などの環境情報をIoTセンサーで収集し、人工知能で分析しています。これにより、農作物の重要な成長要因や阻害要因を特定し、水を撒いたりカーテンの開閉で日照量を調整したりなど、自動化が進んでいます。

先述のとおり、より多くのデータを長期間にわたって集めることで人工知能の性能はより高まります。このことから、良質なデータを多く持つ企業が競争優位を築ける時代となりますので、一早く必要なデータを見極め、蓄積し、活用することが今後の重要な経営戦略となりえます。

人工知能ブームの変遷

人工知能の研究は1950年代から始まりました。その過程で、人工知能への期待からブームとなった時代と、人工知能の限界を感じて期待が下がる冬の時代が交互に訪れており、現在は第3次のブームとして脚光を浴びています。

第1次人工知能ブームは、1950年代後半〜1960年代です。1956年にダートマス会議において同会議の発起人であるジョン・マッカーシー氏によって「人工知能」という言葉が初めて使われました。その後ニューラルネットワークの**パーセプトロン開発**が始まり盛り上がりをみせましたが、当時の人工知能では実社会で利用できるレベルに至らなかったことから失望が生まれ、冬の時代を迎えました。

第2次人工知能ブームは、1980年代です。ある分野に特化した専門家の知識をコンピューターに入力して推論を行わせることで専門家の意思決定を再現する「**エキスパートシステム**」としての人工知能研究が発展しました。

また、日本では第5世代コンピューターと名付けられた大型プロジェクトも立ち上がり、世界の人工知能研究に大きな影響を与え、活性化しました。

しかし、当時はコンピューターが必要な情報を自ら収集して蓄積することはできなかったため、必要となるすべての情報について、人がコンピューターにとって理解可能なように内容を記述する必要がありました。専門家の持つ膨大な情報すべてを、コンピューターが理解できるように記述して用意することは困難であるという限界も明らかになり、1995年頃から再び冬の時代を迎えました。

■ 人工知能の歴史

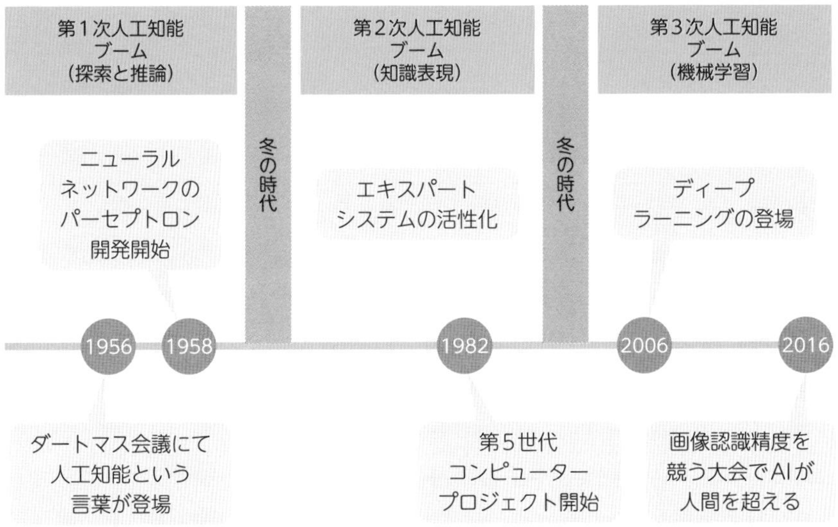

第3次人工知能ブームは、2000年代から現在まで続いています。

まず、インターネットやスマートフォンおよびIoTの普及により「**ビッグデータ**」と呼ばれているような大量のデータを用いることで人工知能自身が知識を獲得する「機械学習」が実用化されました。

次いで知識を定義する要素（特徴量）を人工知能が自ら習得するディープラーニング（深層学習や特徴表現学習とも呼ばれる）が登場したことが、ブームの背景にあります。

また、昨今では画像認識精度を競う大会でディープラーニング技術を利用したAIが人間を超える認識精度を実現するに至り、2016年3月にはGoogle参加のAI企業が開発した囲碁のAI「アルファ碁」が、世界最強の棋士に勝利したというニュースが大きく報じられました。

人工知能は、2つの大きなブームと2つの冬の時代を経て、現在は第3次人工知能ブームを迎えています。

このブームは過度な期待とも表現されていますが、さまざまなテクノロジーは、過度な期待のピークを過ぎ幻滅期を超えて一般に広く普及していくといわれています。

今回のブームは今まで2回のブームとは異なり、ハードの処理速度向上とインターネットの普及によるビッグデータの存在により、大きく進化することが期待されています。

人工知能研究の未来

このように、多くの可能性に満ちた人工知能ですが、将来に向けてどのような分野で利活用することが望ましいかについて、総務省が有識者へのアンケートでまとめております。その中には「健康状態や病気発祥の予兆の高度な診断」や「路線バスやタクシー等の高度な自動運転」など私たちの生活に身近な内容が多く含まれています。

また、今後この人工知能の研究が進むことで便利な世の中になることが期待される一方で、人工知能が自分の能力を超える人工知能を生み出し、加速度的に進化する転換点「**シンギュラリティ**」が起こるといわれております。

米国の未来学者、レイ・カーツワイル氏はその時期の到来を2045年と予想しています。

先述のとおり、AIは我々にさまざまな恩恵をもたらすと期待される半面、雇用を奪われたり、軍事利用が進んだりすることへの懸念もあります。倫理的な問題に対処するために、日本政府を始め、人工知能研究が進む各国では人工知能利用のガイドラインや倫理指針を発表しています。

模擬問題

7-3 人工知能に関する説明として正しいものを選んでください。

(ア) 人工知能とは人間の知能を持ったロボットであり、すでに実用化が進んでいる

(イ) 人間の神経細胞（ニューロン）を模倣したニューラルネットワークが人工知能であり、それ以外は人工知能とは呼ばれない

(ウ) 人工知能の実用化においては「識別」「予測」「実行」という大きく3つの機能がある

7-4 IoTとAIに関する説明として正しいものを選んでください。

(ア) IoTとAIを組み合わせた事例は製造業のみでしかまだ実現していない

(イ) IoTで収集したデータはビッグデータになることが多く、AIでの分析には不向きである

(ウ) センサーで取得した各種データを人工知能で状態判断・予測することは自動化につながる有効な手段である

7-5 人工知能の歴史に関する説明として正しいものを選んでください。

(ア) 第1次ブームは1950年代から1990年代までの、基礎的な研究が続いた期間である

(イ)「エキスパートシステム」としての人工知能研究が発展したのは第2次ブームの間である

(ウ) 第3次ブームはGoogleの開発した囲碁のAIをきっかけとして始まり、すでにブームは終わっている

7-6 シンギュラリティに関する説明として正しいものを選んでください。

(ア) 人工知能が自分の能力を超える人工知能を生み出すことができるようになる点を指している

(イ) ディープラーニングに続く新たな学習アルゴリズムのことである

(ウ) 各国が発表している人工知能に関する倫理指針のことである

▸▸ 解答 はpp.245-246

44 機械学習

人工知能研究の中でも特に現在主流となっている機械学習。その概要や学習方法、そしてもう一歩踏み込んだディープラーニングという手法について解説します。

機械学習とは

機械学習とは、その名のとおり機械（コンピューター）が人の介在なく過去のデータから学び学習することです。学習の元となるデータを入力値として用い「**機械学習アルゴリズム**」と呼ばれる処理を通して、データを分類したり、認識したりするパターンを見つけ出します。そしてこの学習したパターンを用いて、学習後に入力されたデータに対しても、分類したり識別したりすることができるようになります。今までのプログラミングのように明示的に指示を与えなくてもよい点が機械学習の大きな特徴です。

■ 機械学習の種類と代表的なアルゴリズム

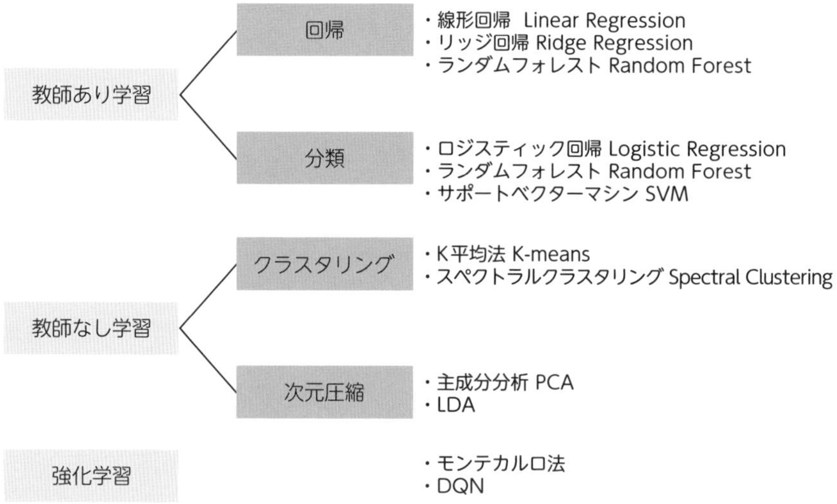

学習方法の種類

機械学習といってもどのような課題を解決したいか、またどのようなデータが手元にあるのかによって学習方法が異なります。

その種類としてはp.234の図に示したとおり、大きく「**教師あり学習**」「**教師なし学習**」「**強化学習**」の3つのパターンが存在しており、それぞれ特徴が異なります。

(1) 教師あり学習

学習用のデータにあらかじめ正しい回答のラベルを付けて学習する方法です。出力される結果が連続値であるものは「**回帰**」と呼び、出力結果が離散値となるものは「**分類**」と呼びます。

回帰では、最寄り駅までの距離や部屋数などから賃貸の家賃を予測したり、分類では花弁の大きさから花の種類を当てたりする例がよく用いられます。

■ 回帰と分類のイメージ図

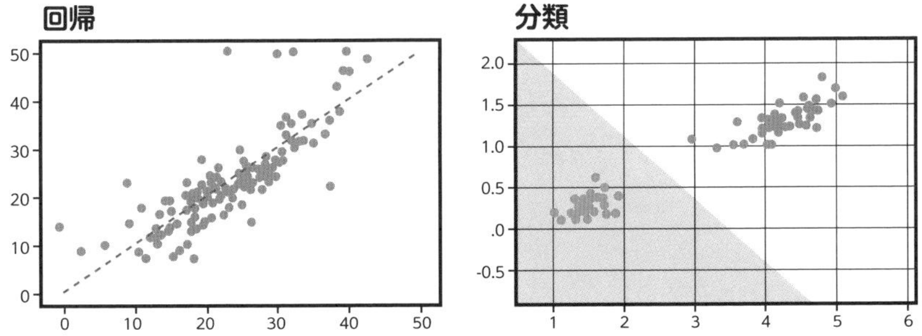

(2) 教師なし学習

学習用のデータが正解情報を持たない学習方法です。多くのデータの中から共通する特徴を見つけ出しグループ化させます。

具体例としてECのショッピングサイトで深夜に買い物をする属性を調べると、20代前半の関東圏以外の女性という特徴を持った人が多く購入しているなど、明確な理由や情報は持っていなくても結果から同質性を導き出す際などに使われます。

出力されたグループには正解があるわけではなく、単に「似ているもの」をグループ分けした結果です。

(3) 強化学習

機械が試行錯誤を行い、自らよい行動を学習する方法です。十分な量のデータの収集が困難な場合に採用される学習タイプとなります。2016年にプロ囲碁棋士に勝利したプログラムであるAlphaGoは強化学習を取り入れており一躍有名になりました。

ディープラーニング

ディープラーニングは機械学習の中の1つの技術です。従来の機械学習アルゴリズムでは、パターンを見つけ出すために「ダイヤモンドの値段を導き出すためにカラット数を用いる」というように、その特徴を表す変数を人間が定義する必要がありました。

一方、ディープラーニングでは大量の学習データの中から機械（コンピューター）が自動的に特徴を抽出してくれます。

画像を認識する際、人間は猫の写真を見て猫だとすぐに判断ができますが、機械学習で猫の写真を猫と認識させるにはどのような特徴を変数としてデータにセットしたらよいでしょうか。目や耳のカタチ、ひげの位置、品種ごとの毛並みや色、しっぽの長さなどをすべて人間が計測してそれぞれに正解ラベルを作成し、学習させていては、世の中の猫を網羅するために膨大な時間を要してしまいます。

ディープラーニングでは、画像に写った情報から共通する特徴を自動で抽出し、猫であると判別できます。そのため、猫が正面を向いていても横を向いていても問題なく猫であると判断することができます。

この技術は自動運転にも応用されており、リアルタイムで動く人や信号、標識などを見分けて安全を確保するように車を自動で制御します。これがディープラーニングの一番の特徴です。

■ディープラーニングによる画像判別のイメージ

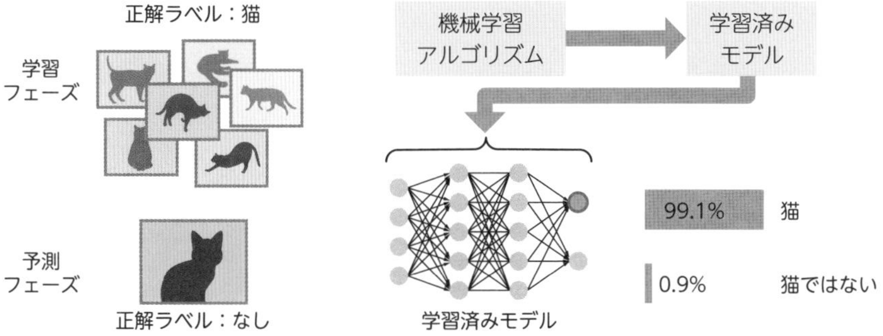

ディープラーニングの種類

ディープラーニングでは学習の目的に応じてアルゴリズムが複数存在しています。ここではその目的別に代表的な3つのアルゴリズムを紹介します。

(1) 畳み込みニューラルネットワーク（CNN)

画像認識や動体検知に使われているニューラルネットワークはほとんどが**畳み込みニューラルネットワーク**（CNN）と呼ばれるものです。畳み込み層とプーリング層でできており、画像の部分部分で特徴を検出します。これにより、写真に猫の画像が中央に写っていても端に写っていても猫であると認識することが可能となっています。

(2) 再帰型ニューラルネットワーク（RNN)

自然言語処理の分野で使われているのが**再帰型ニューラルネットワーク**（RNN）です。言語のように入力値に連続性があり前後の単語のつながりにも意味があるものは、今までのアルゴリズムよりも高い精度を出すことができるようになりました。主には機械翻訳や文章の自動生成、音声認識などに用いられています。

(3) 敵対的生成ネットワーク（GAN)

画像生成の分野で使われているのが**敵対的生成ネットワーク**（GAN）です。

GANは2つのネットワークで構成されており、1つは生成器、もう1つは識別器です。生成器は識別器が誤認識するような画像を生成し、識別器は偽物を偽物と見抜けるように学習していきます。お互いに精度を高めていくことにより、人間の目でも判断が付かないほどのフェイク画像をディープラーニングで生成することができるようになります。

ディープラーニングの学習方法

機械学習においては「教師あり学習」「教師なし学習」「強化学習」の3つが存在すると解説しましたが、ディープラーニングでは大量のラベル付けされたデータを集め、特徴量を学習しモデル化させるには学習時間も膨大となってしまうデメリットもあります。

そこでゼロから学習するのではなく、他の領域で学習させたモデルを別の領域で適応させる「**転移学習**」が活用されています。

特に少ないデータしかない領域でのモデル構築に効果的で、具体的にはシミュレーター環境で学習させたモデルを実世界に適応させる技術となります。この手法には、ゼロからネットワークを学習させる場合と比較して、必要なデータ数がはるかに少なくて済むという利点があり、計算時間も大幅に短縮されます。

IoTと機械学習

ものがインターネットとつながることで新たな価値を生み出すといわれるIoT。このIoTと機械学習は親和性がとても高く、2つの技術が組み合わさることで初めて真価を発揮する領域があります。

製造業においては製造ライン等に各種センサーを取り付けることでモニタリングをすることが可能ですが、これはIoTが生み出す新たな価値の第一歩です。その可視化した結果を人間が目視し、今後どうするかを都度考える必要があるからです。

IoTの次のステップは制御です。インターネットにつながった機器を手持ちのタブレットやスマートフォンでON/OFFする、一定の閾値を超えたら稼働を開始したり止めたりするなどです。ここまででも十分便利にはなっていますが、IoTと機械学習が組み合わさり新たな価値が生み出されるのはこの次のステップからです。

第三ステップは最適化です。気温や湿度のデータをもとに、材料の投入量を自動で微調整するなどで、これには過去の不良の発生原因を機械学習でモデル化し、与えられた条件下で最適な振る舞いをするように、アルゴリズムではない指示が出され実行されています。

そしてIoTの最終ステップは自律性です。高い自律性を備えた製品は、自らの稼働状況と与えられた環境に関するデータをもとに、学習済みモデルを常に更新させていきます。サプライチェーン全体をIoTプラットフォームでつなぐことで、製品の需要を予測した結果から在庫量の最適化や、製造ラインの稼働計画・原材料の調達量を算出して、前後の製造ラインを適切にコントロールするスマート工場となります。

模擬問題

7-7 機械学習について正しい説明を選んでください。

(ア) ロボットなどの機械を動かすための研究分野のことである

(イ) 機械(コンピューター)が人の介在なく過去のデータから学習することである

(ウ) 今までのプログラミングの延長で、ビッグデータでも問題なく処理できることが大きな特徴である

7-8 教師なし学習の説明として最も適切なものを選んでください。

(ア) あらかじめ正解ラベルをセットにして学習させる手法で、出力の結果によって回帰と分類の2つに分けられる

(イ) 多くのデータの中から共通する特徴を見つけて、グループ化させる手法

(ウ) 他の領域で学習させたモデルを別の領域で適応させる技術

▶▶ 解答 はp.246

45 分析手法

データ分析を行うには、課題を明確にし解決するために必要な適切な手順を踏む必要があります。ここではビジネス上で必要となる分析手法について解説します。

データ分析とは

データ分析とは「目的を明確化したうえで、データを収集・加工し意思決定をできる状態に変換すること」だといえます。このことを事例を加えて細かく説明したものが以下の表となります。

■ データ分析

名称	定義	事例
データ data	数字や文字・記号、およびその集合	20℃、20個、100人など
分析 analytics	過去のデータから、過去（結果）はどうだったかを知ること（比較/分解）	昨日は始動時の機械の表面温度が20℃で、今日は19.5℃だった。機械の表面温度が19℃を下回ると不良品の発生率が高まっている
予測 prediction	過去のデータから傾向を抽出し、将来どのようになるかを見通すこと（回帰/分類）	明日は始動時の表面温度が19℃になるのではないか
情報 information	データを分析/予測し、何かしらの意味を持たせたもの	始動時の機械の表面温度が毎日下がっている
活用 practical use	情報を意思決定できる状態にし実行に移すこと	明日はさらに下がるかもしれないので、不良の発生を抑えるために暖機運転をしたほうがよいのではないか

データ分析の手順

データを分析/予測し、情報として活用するためには、次の図のとおり4つの手順があります。

■ データ分析～情報活用までの手順

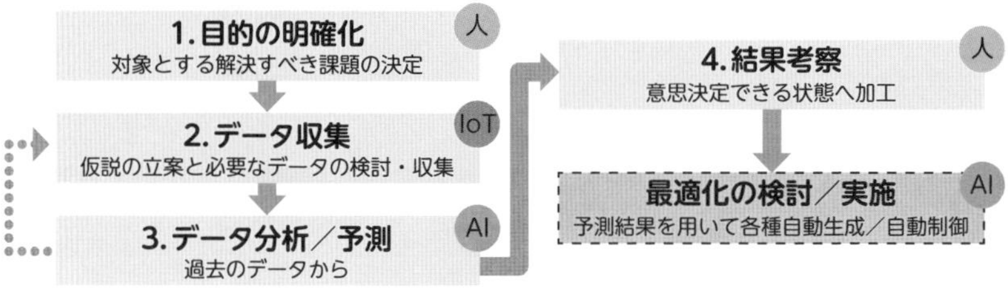

(1) 目的の明確化

何を実現するために分析/予測をするのかを決定します。これが最も重要なステップです。例えば、町工場で不良が多く発生しており利益を圧迫しているという課題がある場合、不良発生の原因を特定し改善することを目的と設定します。注意点として分析の結果が経営にどれだけよい影響を与えられるかの観点が必要となります。不良が多く発生していても、お客様への影響が軽微だったり、材料費が安く作り直したほうが安価な場合などは分析対象から外します。

次の表は組織の機能別に分けた分析分野の一例です。

■ 分析分野

機能	分野
人事	給与シミュレーション、離職傾向分析など
財務・会計	収益構造分析、経費推移分析など
R&D	ROI分析など
製造	仕様変更履歴分析、不良率分析など
営業	受注履歴分析、売れ筋／死に筋分析、収益性分析、活動分析など
アフターサービス	クレーム履歴分析、サービス・コスト分析、顧客満足度調査分析など
ロジスティック	配送拠点・倉庫計画、適正在庫分析など

(2) データ収集

目的を達成するために仮説を立て、必要なデータを検討し収集します。今回の例では、製品不良の発生が「設備起動時に多い」というところまで特定できていたとします。ここからは仮説を立て、不良発生に影響がありそうな項目のデータを収集します。IoTの普及により温度センサーや照度センサーなども安価で購入できるようになってきましたので、データ収集も行いやすい環境が整ってきています。次の表はデータの種類を明記しています。

■ データの種類

データの種類	尺度	説明	例
量的データ（数値データ）	間隔尺度	データの間隔に意味があるが比率には意味を持たないデータ	摂氏、時刻、年齢
	比例尺度	データの比率に意味があるもので、ゼロが虚を意味するデータ	速度、金額、数量
質的データ（カテゴリカルデータ）	名義尺度	分類のために用いられる数字で、等しいか等しくないかのみに意味が生まれ、差異や大小比較に意味を持たないデータ	法人番号、顧客コード、性別（0:男、1:女）
	順序尺度	分類の順序に意味があるもので大小比較には意味が生まれ、差異には意味を持たないデータ	3:受注・2:提案中・1:提案前、1位・2位・3位

(3) データ分析/予測

集めたデータを分析/予測します。分析の基本は比較と分解で、予測とは傾向の把握です。

・比較

不良が発生したときと発生していないときのデータを比較します。例えば、加工面の表面温度が何度以下のときに不良品の発生率が高いなど一定の条件が見えてきますので、初めてデータに意味が出てきます（=情報に変わります）。

・分解

次に、比較した結果、表面温度が不良率に影響を与えている可能性が高いとわかった場合、なぜ不良が発生しない場合があるかも知る必要があります。その際にはいくつかの切り口で、さらに深掘りすることで、その結果に至った真因が見えてきます。例えば、製品ラインAの設備だけ多い、担当者Bが早番のときだけ発生している、など「軸」を決めて分解することで分析の精度が高まります。

■比較と分解のイメージ

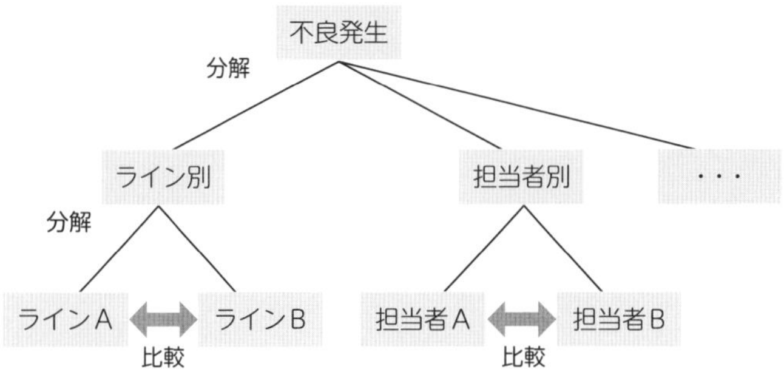

・傾向の把握

過去のデータを分析し将来どのようになるのかを見通すことで予測します。傾向を把握するには時系列になっているデータを用います。過去3年の製品不良の発生間隔が短くなってきているのであれば、「このまま手を打たなければ来期には何件程度の不良が発生し、製造原価がいくらいくら上がってしまう」ということが予測されます。また周期性が見られるのであれば、外気温が高い季節は不良が少ないが低くなると率が増えるなど、傾向をつかむことができます。

(4) 結果考察

分析/予測した結果を意思決定できる状態に加工します。先の例で、一定の温度下で不良発生が多く特定の設備でよく見られるのであれば、設備の老朽化が原因かもしれないので、電熱線の交換をしてみるなどの対策が思いつきます。特定の担当者でよく見られるのであれば暖機運転をするという作業手順を知らなかっただけかもしれませんので、本人に確認し、マニュアルも確認したほうがよいかもしれません。

このように、ただ「去年は故障が100件あった」というデータだけがあっても意味を持ちません。解決すべき課題を明確にし、集めたデータを意思決定できるレベルまで落とし込むことがデータ分析のゴールなのです。

最適化とは

制約条件がある中で目的を最も効率的に達成させる解（手段）のことです。今回の一連の例では設備の加工面の表面温度が一定以下になると不良品の発生率が高まることがわかったので、温度センサーを用いて表面温度が一定以上まで上がらないと材料を送ることができないように設定することで、設備の老朽化や人的ミスによる不良品の発生を事前に防ぐことができるようになります。このような最適化技術はIoTの進展により身近なところまで普及してきています。

模擬問題

7-9 データ分析に関する説明として正しいものを選んでください。

（ア）データから答えを導き出すためにも、目的を決めず収集可能なデータをより多く集めたほうが効率的である

（イ）データには時間的データと量的データがあり、それぞれの特性を理解しておくことが重要である

（ウ）分析の基本は比較と分解で、分析を行うことで初めてデータに意味が出る

7-10 分析手順に関する説明として正しいものを選んでください。

（ア）データ収集→データ分析→データ予測

（イ）データ収集→データ分析/予測→結果考察

（ウ）目的の明確化→データ収集→データ分析/予測→結果考察

▶▶ 解答 はp.246

模擬問題解答

7-1の解答 （ウ）

解説 リレーショナル型データベースは行と列からなる「表」で表されたデータベースです。それらの表どうしをリレーションシップで結合することで、迅速に任意のデータを抽出することが可能となります。

7-2の解答 （ア）

解説 データベースの基本的な機能は、問い合わせ処理、セキュリティの確保、トランザクション処理、障害復旧機能となります。欠損値の補完はデータ分析の前処理として人間が行うことが一般的です。

7-3の解答 （ウ）

解説 人工知能の実用化においては「識別」「予測」「実行」という大きく3つの機能があるといわれています。ロボットのような実体がないものでも人工知能と呼ばれるものは多々あり、また、ニューラルネットワーク以外でも人工知能の研究は進められています。

7-4の解答 （ウ）

解説 IoTとAIを組み合わせた事例は製造業以外にも多く出てきており、車に取り付けたセンサーからデータを取得し、運転者の安全状況に合わせて最適な保険料を設定する人工知能のアルゴリズムなども出てきています。また、多くの場合、データの量が多いほど人間では分析が難しくなることからビッグデータと人工知能の相性はよいといえます。

7-5の解答 （イ）

解説 第1次ブームは、人工知能では実社会で利用できるレベルに至らなかったことから失望が生まれ、1960年代に終焉を迎えました。第3次ブームは「機械学習」が実用に目処が付き始めたことをきっかけに始まり、現在も続いてます。

7-6の解答　（ア）

解説　シンギュラリティは技術的特異点と訳され、人工知能が自分の能力を超える人工知能を生み出し、加速度的に進化するといわれております。米国の未来学者、レイ・カーツワイル氏はその時期の到来を2045年と予想しています。

7-7の解答　（イ）

解説　機械学習の利用範囲はロボットに限りません。機械学習は今までのプログラミングのように明示的に指示を与えなくてもよい点が大きな特徴です。

7-8の解答　（イ）

解説　分析者自身も正しい答えがわからない際に用いられる学習方法です。クラスタリングや次元削減などが教師なし学習に含まれます。

7-9の解答　（ウ）

解説　データ分析は「目的を明確化したうえで、データを収集・加工し意思決定をできる状態に変換すること」であり、比較・分解していくことで数字や文字の羅列でしかないデータに意味を持たせることができるようになります。

7-10の解答　（ウ）

解説　データ分析の手順は「1.目的の明確化」→「2.データ収集」→「3.データ分析/予測」→「4.結果考察」の順で行う必要があります。

8章

セキュリティ

IoTの普及で今までネットワークに接続していなかった機器がインターネットに接続できるようになりました。それに伴い、サイバー攻撃の被害リスクが低かった機器でも被害リスクが高まっています。本章ではIoT機器を安全に保つために、特にIoTのセキュリティに関して特徴や注意点などを解説していきます。

46 IoTセキュリティとは

ここでは、IoTセキュリティの特徴について解説します。また、IoT機器で過去に発生したセキュリティ事故の紹介とその危険性、セキュリティ事故を防ぐための対策について解説します。

IoTセキュリティ

近年IoTの普及により、社会がより便利に変化していく反面、インターネットにつながる機器の増加によりセキュリティ上のリスクが増加しています。

IoT機器には自動車や医療機器などセキュリティ事故が起こると人命に関わるものもあり、セキュリティの観点での対策はより一層重大な事項となっています。ここでは、IoT機器のセキュリティ事故を解説したうえで、セキュリティ事故対策の必要性を解説します。

IoT機器のセキュリティ事故

今までネットワークに接続していなかった機器が簡単にインターネットに接続できるようになったことにより、悪意のある第三者からの攻撃を受け、不正な遠隔操作による情報漏えいや、機器の誤動作を引き起こすといったセキュリティ事故が増加しています。

これらの事故の中には、自動車の車載システムに不正アクセスして、ブレーキやハンドルを遠隔から操作したり、病院にある輸液ポンプを不正に操作して、投与する薬物の量を変更させたりすることで、私たちの生命が危険にさらされる場面さえも想定されます。また、自宅に設置したWebカメラの映像が、不特定多数の人からアクセスされるサイトでリアルタイムに公開されるといった、プライバシー侵害の被害も報告されています。被害を受けるだけでなく、IoT機器が不正なソフトウェアに乗っ取られ、踏み台にされ、他のシステムを攻撃する側（加害側）になってしまう場合もあります。

■ IoT機器のセキュリティの事故例

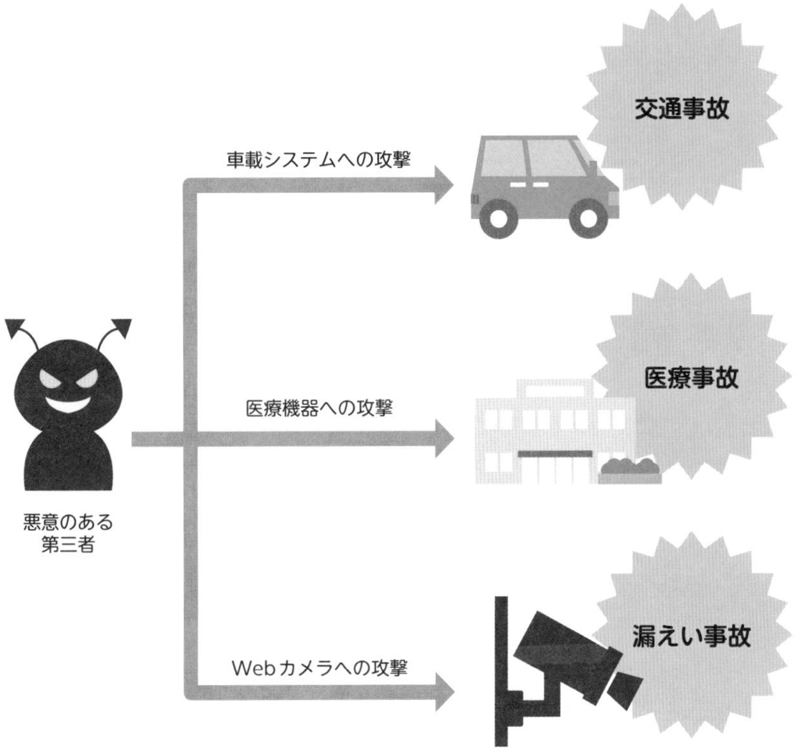

IoTセキュリティの特徴

昨今、IoT機器が利用するセンサーなどが安価な価格で発売され、機器をインターネットに接続させることがますます容易になってきています。

この技術革新により、今まで以上に多くの企業がIoT機器を製造できるようになり、より多くの人が、IoT機器を身近に利用するようになりました。

しかし前述したとおり、IoT機器を利用したことによるさまざまなセキュリティ事故が発生し、被害が発生しています。これらのセキュリティ事故には、IoTシステム特有の性質から発生するものもあります。

次の表に、IoTのセキュリティにおける特徴を記載します。

■ IoTのセキュリティにおける特徴

特徴	説明
長期利用による対策不十分	IoT機器設置後、何年も利用するものも多いため、セキュリティ対策が不十分になってもそのまま利用してしまう
事故の影響範囲が広い	ネットワークを介して関連するシステムや、他のIoT機器にも影響が及ぶ可能性が高い
監視が難しい	画面がない（通知手段がない）などの理由で、IoT機器にセキュリティ上の問題が発生しても気付きにくい
機器の性能が低い	PCのように高い性能を持ち合わせていないIoT機器では、暗号化などに時間がかかり対策しにくい
管理が不十分	管理する機器の数が多いことや、IoT機器設置後はPCのように頻繁に操作などは行わないため、必要なアップデートの実施などの管理が不十分になりやすい

IoTのセキュリティ事故を防止するために

IoTのセキュリティ事故を防止するには、IoT機器の導入時および、IoT機器の利用時のセキュリティ対策を後回しにしないことが重要となります。

具体的に、以下のような対策を実施することにより、攻撃を受けるリスクを低くすることが可能となります。

・信頼できるIoT機器メーカーから購入する
⇒内蔵されているプログラムに欠陥があると攻撃者による攻撃に利用されてしまいます。そのため、サポートがしっかりしているメーカーや発売後も修正プログラムが出ているメーカーなどから購入します。

・パスワードの設定を初期値のままにしない
⇒攻撃者は不正ログインを行う際、初期値のパスワードなど容易に思いつくパスワードでログインを試行することがあります。パスワードは必ず変更するようにします。

・パスワードを他システムと使い回さない

⇒パスワードをシステムごとに変更しておくと、他システムのパスワードが漏えいした場合の影響を小さくできます。

・IoT機器メーカーの脆弱性対策用パッチを適用する
⇒攻撃者は不正アクセスの際、プログラムの脆弱性を狙って攻撃を行うので、必ず脆弱性対策用パッチを適用するようにします。

・使わなくなったIoT機器は電源を切る
⇒電源が入っている状態では攻撃されてしまう可能性があるので、利用していないIoT機器の電源は必ず切るようにします。

模擬問題

8-1 IoTセキュリティについて記載されている文章のうち、正しいものを選んでください。

(ア) すべてのIoT機器は、セキュリティ上の問題が発生した場合、自動的に対応されるように規格が定められているため、自らセキュリティの対策をする必要はない

(イ) IoT機器によるセキュリティ事故には、私たちの生命が危険にさらされる場面さえも想定される

(ウ) IoT機器はPCのように高い性能を持ち合わせていないため、他のシステムを攻撃するような踏み台になることはない

8-2 IoT機器のセキュリティ事故を防止するための対策として、正しいものを選んでください。

(ア) IoT機器を購入する際に、なるべく安価であることを優先して選定した

(イ) 購入した機器は、すべての設定が正しくされているため、初期パスワードの変更は行わなかった

(ウ) 新しいIoT機器を購入したため、古いIoT機器は電源を切り、ネットワークから外した

▸▸ 解答 はp.268

47 暗号化とは

ここでは、暗号化とは何かとその目的について解説します。また、2つの暗号方式（共通鍵暗号方式、公開鍵暗号方式）と暗号化の使用用途についても合わせて解説します。

暗号化と復号

暗号化とは、他人に情報を知られないように、ある規則に従ってデータを変換し、もとの内容がわからないようにするための方法です。また、暗号化されたデータをもとに戻すことを、**復号**といいます。

暗号化をすることの目的は、セキュリティを強化することです。暗号化する前の情報を平文といいますが、平文は意味が理解でき直接利用できる情報なので、例えばメールアドレスやアカウントのパスワードのような重要な顧客情報が平文のままで漏えいしてしまうと、攻撃者にそのまま利用されてしまう恐れがあります。そこで、情報を暗号化し、もとの内容をわからないようにして保存することで、もし漏えいしてしまっても攻撃者に利用されないようにすることが可能です。

暗号方式

暗号化には、鍵と呼ばれるデータを使用することが一般的で、暗号化と復号に同一の鍵を利用する「**共通鍵暗号方式**」と、暗号化と復号で別の鍵を利用する「**公開鍵暗号方式**」があります。

共通鍵暗号方式は、暗号化する人と復号する人が同じ鍵（共通鍵）を持っていて、鍵を他人に知られないことが重要です。対して公開鍵暗号方式は、公開する鍵（公開鍵）と、秘密にする鍵（秘密鍵）がペアになっており、公開鍵で暗号化すると、ペアとなる秘密鍵を保持している人だけが復号できるという特徴があります。また、公開鍵から秘密鍵、秘密鍵から公開鍵は生成できないため、公開鍵を他人が入手しても、秘密鍵を入手しなければ復号することはできません。

共通鍵暗号方式では、他人に鍵を知られないために、データをやり取りする当事者ごとに異なる鍵を作成する必要があります。これに対して公開鍵暗号方式では、復号する人の公開鍵と秘密鍵があれば複数の人に対して暗号化と復号が可能であり、鍵の管理が楽ですが、暗号化と復号の処理が遅いという欠点があります。このため、データは共通鍵暗号で暗号化し、その暗号化で使用する共通鍵を公開鍵暗号で暗号化するといった方法が用いられることがあります。

■ 共通鍵暗号方式と公開鍵暗号方式

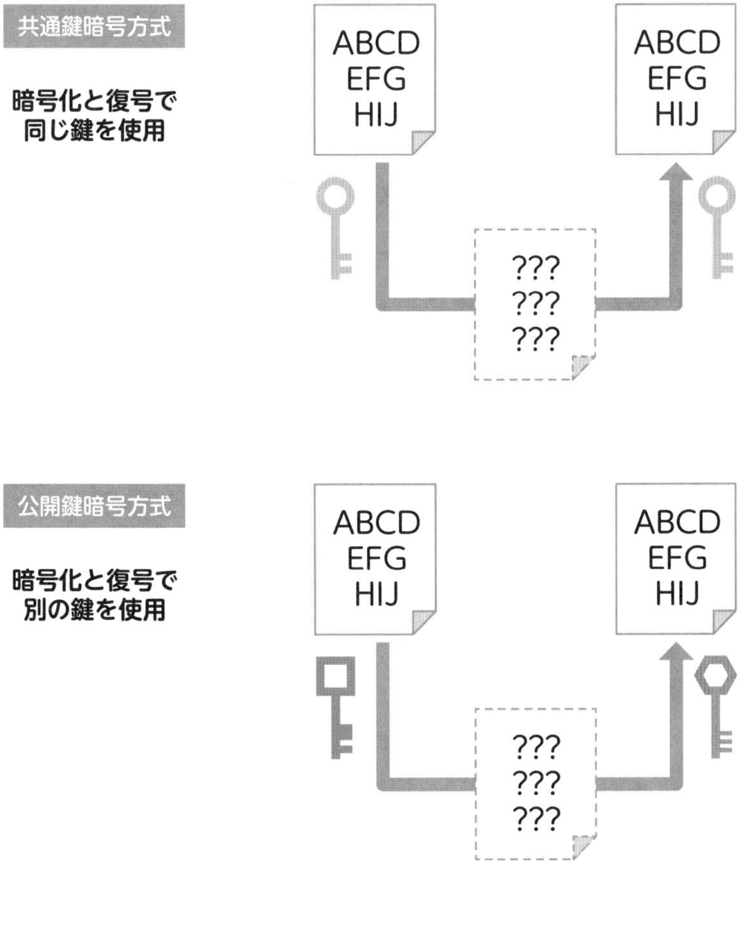

デジタル署名

送られてきたデータの発信者が誰であるか、またそのデータが途中で改ざんされていないかを確認するための技術に**デジタル署名**があります。改ざんとは発信者が発信したデータを他者が書き換えることをいいます。攻撃者はデータを改ざんすることで、発信者と受信者が意図しているデータの動作と異なる動作をさせて攻撃します。デジタル署名は、公開鍵暗号方式の仕組みを応用して実現しています。

受信者はそのファイルが発信者により署名されていることを確認することで、発信者が発信した状態から改ざんが行われていないことを確認します。

■ ファイルのデジタル署名の例

通信経路の暗号化

IoTを利用する際は、ハードディスクやUSBメモリなどに記録されているデータだけでなく、ネットワーク上を流れるデータも他人から盗聴される可能性があります。盗聴されないためには、通信経路も暗号化の対象に含める必要があり、暗号化するための規格としては、**TLS**や**SSH**が使用されます。

TLSとは「Transport Layer Security」の略で、ネットワーク上においてデータを暗号化する規格です。インターネット上でクレジットカードや個人情報を送信する際によく利用され、以前はSSL（Secure Sockets Layer）と呼ばれていました。SSHとは、「Secure Shell」の略で、暗号や認証の技術を利用して、安全にリモートコンピューターと通信するための規格です。パスワードなどの認証部分を含むすべてのネットワーク上の通信が暗号化されます。

TLS、SSHでは前述の共通鍵暗号方式、公開鍵暗号方式を使用して暗号化したデータの通信が行われます。具体的には以下の手順で行われます。

なお、サーバー証明書は、自身が正しいサーバーであることの証明です。受信者は「サーバー証明書」を検証して「送信者」が正しいサーバーであることを認証します。

(1) データの通信前の準備

1. 受信者が送信者に接続要求を送信
2. 送信者は受信者に送信者側の「公開鍵」と「サーバー証明書」を送信
3. 受信者は「共通鍵」を生成
4. 受信者は生成した「共通鍵」を「公開鍵」で暗号化して送信者へ送信

(2) データの通信

(1) で両者で共有した「共通鍵」でデータを暗号化し通信

模擬問題

8-3 暗号化に関する説明として正しいものを選んでください。

(ア) 共通鍵暗号方式は、当事者ごとに同じ鍵を使い回しても安全にデータの受け渡しができる
(イ) 公開鍵暗号方式の秘密鍵を持っていれば、公開鍵を生成することができる
(ウ) 公開鍵暗号方式に比べ、共通鍵暗号方式で行う暗号化は処理速度が速い

8-4 通信経路の暗号化に関する説明として、正しいものを選んでください。

(ア) ネットワーク上を流れるデータは、常に安全が保たれており暗号化の必要がない
(イ) TLSは「Transport Layer Security」の略で、以前SSHと呼ばれていた
(ウ) ネットワーク上を流れるデータを他人から盗聴されないために、通信経路も暗号化の対象に含める必要がある

▶▶ 解答 はp.268

48 攻撃対策

ここでは、サイバー攻撃とは何かやサイバー攻撃の方法について解説します。また、サイバー攻撃の流れの例を用いて各攻撃段階での攻撃の対策についても合わせて解説します。

サイバー攻撃

ネットワークを通じてシステムに不正に侵入してデータを窃取したり、データの改ざん・破壊などを行う攻撃を**サイバー攻撃**と呼びます。サイバー攻撃は、ネットワークにつながっている機器が攻撃の対象となることが多いため、今後IoT化がますます進むにつれて被害が多くなることが予想されます。IoT機器を導入するにあたり、サイバー攻撃から機器やデータを守るために、十分な対策を施す必要があります。

サイバー攻撃の方法

サイバー攻撃には、設定されているパスワードが簡単であることを狙った攻撃、IoT機器に搭載されているOSやソフトウェアなどの脆弱性を狙った攻撃など、さまざまな攻撃方法があります。特にIoT機器を設置した直後、パスワードが初期状態のままであるために攻撃された事例や、古いOSやソフトウェアを使用したため脆弱性を突かれて攻撃される事例が多くあります。攻撃者はこのような攻撃を行い、IoT機器を自由に操作できる状態（乗っ取った状態）にして、データを窃取したり、改ざん・破壊などを行ったりします。

サイバー攻撃の対策

特にIoT機器のサイバー攻撃の対策としては、パスワードを初期状態のままにしない、IoT機器を常に最新の状態にして脆弱性をなくす、ファイアーウォールなどを使用し、攻撃の通信を遮断することなどの他、**不正侵入検知システム**（IDS）や**不正侵入防止システム**（IPS）を使用した攻撃対策が挙げられます。

攻撃者がIoT機器に侵入する際、以下の流れで攻撃対象の捜索からIoT機器の乗っ取りまで行うことがあります。乗っ取られたIoT機器は踏み台として利用され、DoS攻撃などに使用されてしまいます。

（1）ポートスキャンを行い、通信可能なポートを持つIoT機器を探します。
（2）（1）で見つけたIoT機器へパスワードリスト攻撃などでログインを試行します。
（3）ログインに成功した場合は、攻撃を行いIoT機器を乗っ取ります。

■ IoT機器の乗っ取り攻撃の例

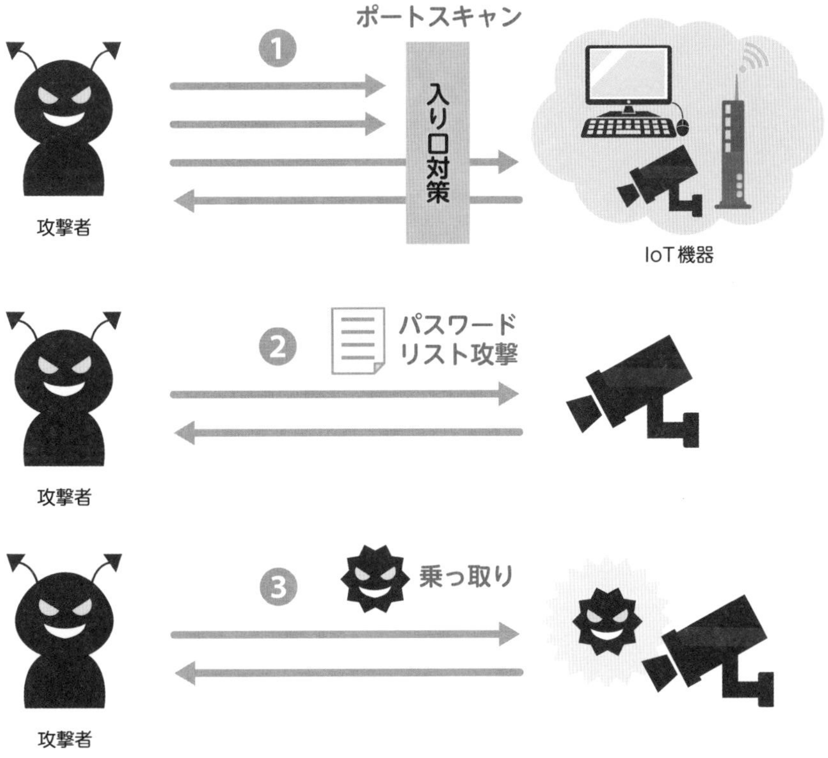

（1）のポートスキャンへの対策としては、使用しないポートはファイアーウォールなどで閉じておく必要があります。

■ファイアーウォールでポートを閉じる設定画面の例

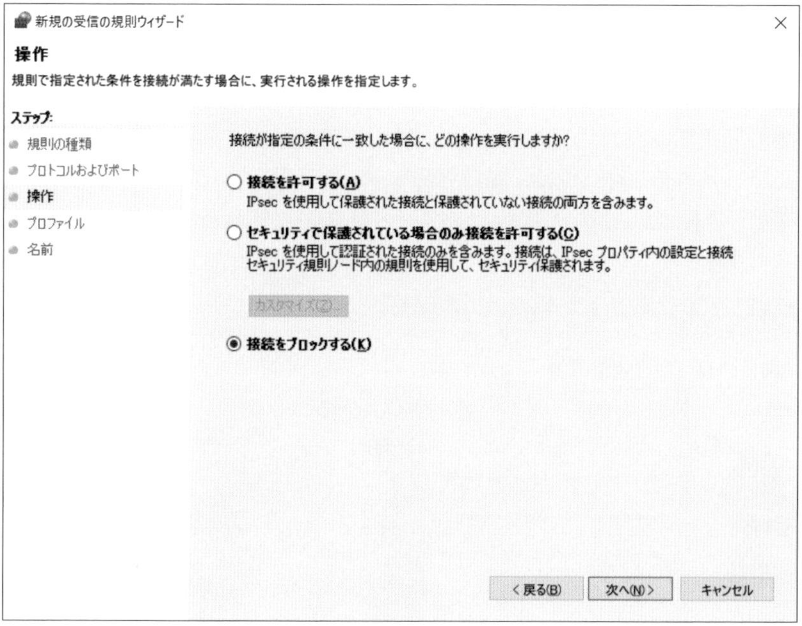

（2）のパスワードリスト攻撃の対策としては、初期状態のパスワードや推測が容易なパスワードを使用せず、数字や英語の大文字や小文字を組み合わせた独自のパスワードを使用することが有効です。

サイバー攻撃とその対策で覚えておくべき用語は以下のとおりです。

■サイバー攻撃とその対策のための用語

用語	説明
踏み台	攻撃者が乗っ取ったIoT機器のこと
DoS攻撃	サーバーに負荷をかけて不具合を発生させ、サービスを妨害する攻撃のこと
ポートスキャン	機器の通信の窓口である各ポート（0～65535）に対し通信を行い、応答を確認することで攻撃に利用可能なポートを調査すること

用語	説明
パスワードリスト攻撃	攻撃者が不正なルートなどから入手したIDとパスワードの組み合わせのリストを使用し、ログインを試みる攻撃手法のこと
脆弱性	本来はできないはずの操作ができてしまうなどのセキュリティ上の欠陥のこと
IDS	不正侵入検知システムのこと。通信を監視し、攻撃の兆候などの異常な状態を検知し管理者へ通知する
IPS	不正侵入防止システムのこと。IDSの機能に加えて、通信を遮断するなどの攻撃を防御する機能を有する

模擬問題

8-5 パスワードリスト攻撃への有効な対策として正しいものを選んでください。

(ア) IoT機器のデフォルトのパスワードは、製品側で設定しているもので安全なため変更しない

(イ) パスワードを忘れないようにするため、管理しているすべてのIoT機器で同じパスワードを使用する

(ウ) 容易に推測されないようにするため、IoT機器で独自のパスワードを使用し、数字や英語の大文字と小文字を組み合わせた文字列にする

8-6 不正なポートスキャンへの対策として正しくないものを選んでください。

(ア) 使用していないポートは通信ができないようファイアーウォールなどで閉じておく

(イ) IoT機器への通信を監視し、不正な通信に対して通信遮断などの対策をとる

(ウ) 今後、使用するかもしれないポートに関しては、いつでも使用できるよう開いておく

解答はp.268

49 認証技術

IoTデバイスにアクセスしてきた相手を識別して、正当性を確認することを認証と呼びます。認証を正しく行うことにより、権利のないユーザーやシステムからの不正利用を防ぎ、権利のある利用者にのみIoTのサービスを提供することが可能です。

認証の3要素

認証にはさまざまな方法がありますが、大きく3つの種類に分けられます。

①知識要素

パスワードなど、その利用者のみが記憶している情報（知識要素）で認証を行う方法。設置や設定にかかるコストが低いが、推測や辞書攻撃（辞書に載っている単語や人名などパスワードに使われそうな単語を、ツールを使って総当たり方式で入力する不正アクセス手法）によって、破られる可能性があります。また、認証情報の漏えいに気付きにくいといった問題があります。

②所有物

ICカードなど、その利用者のみが持っているもの（所有物）で認証を行う方法。所有物がしっかり管理されていれば安全ですが、貸し借りや盗難の恐れもあります。

③生体要素

指紋など、その利用者自身の特徴（生体要素）で認証を行う方法。成りすましが困難ですが、体調の変化などによって本人を本人でないと誤認識する場合があります。

これらの3つの要素のことを「**認証の3要素**」と呼びます。

■認証の３要素のイメージ

①知識要素　（パスワードなどを利用して認証を行う方法）

②所有物　（ICカードなどを利用して認証を行う方法）

③生体要素　（指の指紋などを利用して認証を行う方法）

認証の３要素の具体例としては、それぞれ以下のようなものがあります。

①の知識要素のパスワード以外の具体例として、暗証番号、ナレッジベース（秘密の質問と答え）があります。

「秘密の質問と答え」とは、本人しか知らない「質問」と「答え」を組み合わせた言葉で本人を確認する方法です。

具体的な質問例としては「あなたが初めて飼ったペットは？」「今まで見た映画の中で一番感動した映画は？」といった質問になりますが、攻撃者が攻撃対象をよく知る人物であった場合、推測されやすいという問題もあります。

②の所有物のICカード以外の具体例として、磁気カード、携帯電話のSIMカー

ドがあります。

③の生体要素の指紋以外の具体例としては、顔型、声紋、静脈、掌形（手相）、目の虹彩があります。

掌形は、センサーなどにタッチする必要がないというメリットがありますが、皮膚の状態や光の加減によって認証精度が落ちる可能性があります。また、静脈や虹彩は経年変化（加齢による特徴の変化など）が少ないため、長期間、安定した認証精度を維持できます。

認証に関する用語で覚えておくべき用語は以下のとおりです。

■ 認証に関する用語

用語	説明
パスワード認証	ユーザーに与えられたIDとユーザーが知っているパスワードを使って認証をする方式です。一般的によく知られていて手軽な反面、パスワードが盗まれたり、推測されたりして、本人に成りすまされる危険性があります。パスワードが盗まれる1つの原因として、不特定多数の人が利用するパソコンを利用してパスワードが盗まれてしまうケースがあります（入力したパスワードを盗聴するためのソフトなど、悪意あるプログラムが第三者によって仕組まれている可能性があるため）
BASIC認証	HTTPで定義されているパスワード認証の1つです。ユーザーIDとパスワードが暗号化されずに通信経路を流れるため、盗聴や改ざんが容易にできてしまいます
DIGEST認証	BASIC認証の欠点を補い、ユーザーIDとパスワードを符号化して通信する方式です
生体認証	指紋や瞳の中の虹彩など、人間の身体的特徴情報を用いて個人を認証する方式です。パスワードや物による認証では、忘れたりなくしたりすることによって認証ができなくなることがありますが、生体認証の場合はそれらの危険性が低いと一般には考えられています
リスクベース認証	通常行われているログイン情報をチェックし、不正ログインの可能性があるときにだけ追加の本人確認を求める認証です。例えば、いつも東京からアクセスしている人が、突然海外からアクセスした場合、不正ログインの可能性があると判断され、追加の本人確認がなされます

模擬問題

8-7 パスワード作成における注意点や運用・管理方法について、正しいものを選んでください。

(ア) パスワードは辞書に載っている単語を組み合わせて作成する

(イ) 不特定多数の人が利用するパソコン（インターネットカフェなどで利用できる共用パソコン）では、IDとパスワードを必要とするインターネットサイトの利用は避けるようにする

(ウ) パスワード認証は手軽に利用できるため、パスワードを作成する際は、できるだけ簡単なパスワードを設定する

8-8 認証の3要素に関する説明について、正しくないものを選んでください。

(ア) 知識要素で認証を行う方法は、情報の漏えいに気付きにくいといった問題がある

(イ) 所有物で認証を行う方法は、所有物の紛失や盗難といった問題がある

(ウ) 生体要素で認証を行う方法は、本人以外が持ち合わせている情報も含まれている

8-9 リスクベース認証の説明として正しいものを選んでください。

(ア) 通常のログイン時と同じ場所や時間にログインを試みている場合に追加の本人確認をする

(イ) 通常のログイン時と異なる時間に異なるIPアドレスでログインを試みている場合に認証を簡素化する

(ウ) 通常のログイン時と異なる場所から異なるデバイスでログインを試みている場合に追加の本人確認をする

▶▶ 解答 はp.269

50 監視・運用とは

ここでは、IoT機器とIoT機器を含んだネットワークでどのようなリスクがあるかを解説します。また、リスクに対して必要な監視と運用についてネットワーク構成例などを用いながら解説します。

リスク

今までネットワークに接続していない機器をネットワークに接続すると、機器が攻撃されるリスクが高まります。その際、機器を適切に監視・運用していないことで機器で生じている脆弱性を放置してしまうことや、実際に脆弱性を突かれ攻撃されてしまうこともあります。また、その攻撃も監視や運用がされていない場合は、発見が遅れてしまったり攻撃に気付くことができずに、データを盗まれたりしまうことや、さらには攻撃者により他者への攻撃に自分の機器が利用されてしまうこともあります。

これらを防ぐためにはセキュリティの観点から機器の状態やネットワークの監視、機器の運用について検討していく必要があります。

監視

システムやネットワークの構築、設計の段階からどのように機器やネットワークを監視し攻撃を検知、防御するかを検討していかなければなりません。例えば、ネットワークの監視による攻撃の対策として侵入検知システムの導入があります。これはネットワークを流れる通信を監視、不審な通信を検知することができます。

運用

監視と同様に、機器の運用についても考えていかなければなりません。機器の管理や状態の把握、発生した脆弱性に対するアップデートの方法などセキュリティを考慮したうえで運用方法を検討する必要があります。例として、運用における**ログ管理**について考える必要があります。機器で出力されるログには現在発生している不具合などの情報も含まれます。それらをどのように送信しどこで管理するか、届いたログに対してどのように対応するかというのを検討する必要があります。

■ IoT機器のネットワーク構成例

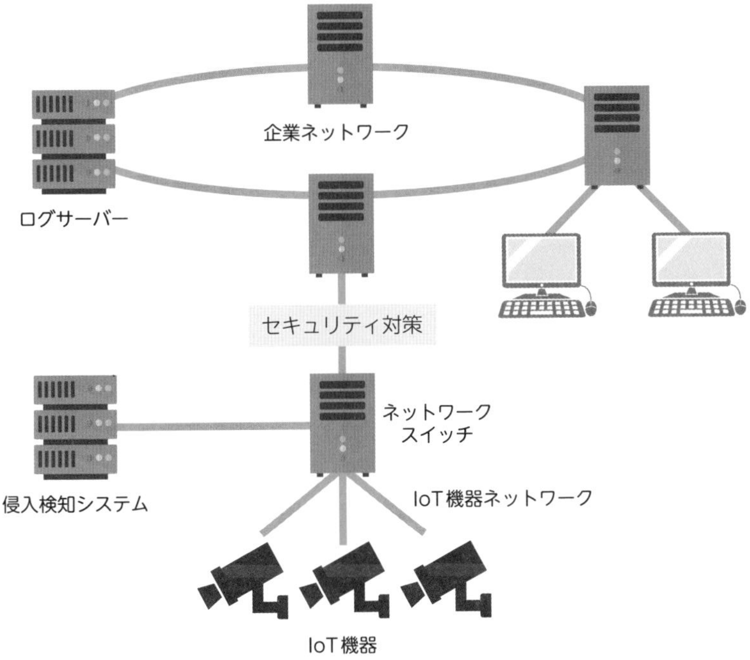

上の図では、IoT機器を含んだネットワークの構成例を示しています。企業ネットワークとIoT機器のネットワークがそれぞれ構成されており、それらがネットワークスイッチ間でつながっています。ネットワークスイッチは通信の中継を行う装置です。ネットワークスイッチ間では、セキュリティ対策としてファイアーウォールなどを利用します。ファイアーウォールは不正なアクセスを制御したり許可する通信などを制限することで、IoT機器がウイルスに感染した場合などでも企業ネットワークへ影響を及ぼすことを防ぎます。

また、p.265の図では、IoTネットワーク側のネットワークスイッチと侵入検知システムが通信しています。これは侵入検知システムが、ネットワークスイッチとIoT機器の間を流れるデータを取り込み、不審な通信がないか監視を行っています。

また、IoT機器から受け取ったデータはネットワークスイッチを中継し、企業ネットワークのログサーバーへ格納されます。ログサーバーでは、格納されたログの管理や異常なログが発生していないかなどの確認を行います。

IoT機器とIoT機器を含んだネットワークの監視と運用で覚えておくべき用語は以下のとおりです。

■ IoT機器の監視と運用で覚えておくべき用語

用語	説明
改ざん検知	主にIoT機器自体に組み込むプログラムで、機器のプログラムが攻撃者に改ざんされた場合に検知、防御するプログラムのこと。プログラムの改ざんを検知することで、攻撃者により攻撃に利用されたり正常に機能しなくなることを防ぐことができる
マイクロセグメンテーション	ネットワークの単位（セグメント）を細分化すること。細分化することにより、ウイルスに感染した場合の他ネットワークへの二次感染を防ぐ、影響を局所化するなどの効果が期待できる
SNMP	ネットワークスイッチやルーターなどの通信機器を監視、制御するプロトコルのこと。このプロトコルを利用することにより、監視している機器の状態などの情報を把握することができる
ファイアーウォール	ネットワークを流れる通信において、その通信を設定した条件などにより許可するまたは拒否する仕組み、システムのこと。ポート番号での許可/拒否の設定などを行うことができる
侵入検知	通信を監視し、不正な通信を発見した際に検知するシステムのこと。検知した際は、管理者への通知などを行うことで攻撃などを察知することができる
ログ管理	運用で検討すべき事項の1つ。IoT機器から出力されたログには不具合の情報や攻撃の兆候などがある可能性もあるため、適切に運用することで、機器を安全に保つために役立てることができる。ログを管理、運用していくためのシステムなどもある

模擬問題

8-10 IoT機器のログ管理における正しい説明を選んでください。

(ア) IoT機器は実際に稼働が始まれば、その後は正常に稼働し続けるので、出力されるログに対しても特に何もする必要はない

(イ) IoT機器から出力されるログは重要な情報もないので、機器内で保持しておけば問題ない

(ウ) 各機器から出力されたログはログサーバーなどでまとめて管理、監視し、ログの内容により対応する必要がある

8-11 マイクロセグメンテーションの正しい説明を選んでください。

(ア) 自社で利用する機器などはすべて同じネットワークセグメント内に構築し、運用することで利便性を高める仕組みのこと

(イ) IoT機器どうしを相互に接続する構成にすること

(ウ) 機器がウイルスに感染した際の、二次感染の防止や影響の局所化のために、ネットワークのセグメントを細分化すること

8-12 IoT機器の監視・運用における正しい説明を選んでください。

(ア) IoT機器は攻撃を受けることがないので、IoT機器への通信などの監視は必要ない

(イ) IoT機器は攻撃されるリスクがあることを認識し、攻撃の監視の実施や適切な運用を行う必要がある

(ウ) IoT機器は構築後は脆弱性が発生しないので、アップデートの方法などについては検討しなくていい

▸▸ 解答 はp.269

模擬問題解答

8-1の解答 （イ）

解説 車の不正操作や、医療機器の不正操作など、私たちの生命が危険にさらされる可能性があります。

8-2の解答 （ウ）

解説 古い機器は電源を切る、ネットワーク上から外すなどの対策が必要です。

8-3の解答 （ウ）

解説 （ア）当事者ごとに異なる鍵を使用しなければ、安全にデータの受け渡しはできません

（イ）秘密鍵から公開鍵を生成することはできません

（ウ）正解

8-4の解答 （ウ）

解説 （ア）常に安全が保たれているとは限りません

（イ）以前はSSLと呼ばれていました

（ウ）正解

8-5の解答 （ウ）

解説 デフォルトのパスワードは攻撃者が推測でき危険なため、独自にパスワードを設定する必要があります。また、機器ごとで異なるパスワードを設定することで、パスワードが漏えい場合の影響を小さくすることができます。

8-6の解答 （ウ）

解説 使用していないポートを開いておくことはリスクとなるので、使用することになるまでポートは閉じておくことでリスクを低くすることができます。

8-7の解答 （イ）

解説 不特定多数の人が利用するパソコンは、入力したIDやパスワードを盗聴するためのソフトなど、悪意あるプログラムが第三者によって仕組まれている可能性があります。また、パソコンの設定によっては、入力した情報（IDやパスワード）がパソコン上に残ってしまう場合があるため、悪意のある人間が、その情報を盗み見る可能性があります。

8-8の解答 （ウ）

解説 生体認証では、本人以外が持ち合わせない情報を利用するため、本人の成りすましが極めて困難になります。

8-9の解答 （ウ）

解説 リスクベース認証は、通常と異なる環境で認証する場合にリスクありと判断し、追加で本人認証などを行います。

8-10の解答 （ウ）

解説 ログには、機器がどのような状態であるかを把握するための情報が出力されているため、ログを確認し対応できるよう設計しておく必要があります。

8-11の解答 （ウ）

解説 選択肢「（ウ）」のとおり、ネットワークのセグメントを細分化することを指します。細分化することでそれぞれのセグメントに必要なセキュリティ対策を行うことも可能になります。

8-12の解答 （イ）

解説 IoT機器は常に攻撃される可能性があるうえ、使用されているソフトで脆弱性が見つかることもありますので、セキュリティの観点で監視方法や運用を設計する必要があります。

索引 Index

記号・アルファベット

な行・は行

ま行・ら行・わ行

IoT 検定ユーザー教育推進ワーキンググループ

大石　光宏（おおいし　みつひろ）…… 第 1 章を担当

経営コンサルタント。
M&S Innovation Consultingファウンダー。静岡事業承継研究会 会長。
事業再生・承継、M&A、IT化推進で多くの企業価値向上に貢献。行財政改革等、自治体の審議会委員を複数務めるなど幅広く活躍。近年は特に、持続可能な企業にする為のIoT・AIビジネス推進に力を入れ、総合的な企業支援を行う。

甲木　知哉（かつき　ともや）………… 第 2 章の一部を担当

半導体メーカ テストエンジニア。大学卒業後、一貫して半導体開発に従事。マイコン/センサ開発において、システム設計、フロントエンド設計、テスト設計を担当。専門分野はデジタル回路設計とプログラミング。IoT検定レベル1試験プロフェッショナルコーディネータ合格。情報処理技術者試験（エンベデッドシステムスペシャリスト、ITストラテジスト、システムアーキテクト）合格。

陣　宏充（じん　ひろみつ）……………… 第 2 章の一部を担当

外資系総合コンサルティング会社に所属。日本ITストラテジスト協会（JISTA）理事。SI経験・DX（IoT/AI/xR/RPA）・新規事業経験を活かし、先端的なDigital技術活用によるBPR支援に従事。IoT検定 Professional Coordinator、JDLA Deep Learning for GENERAL。福岡市在住。

山口　透（やまぐち　とおる）………… 第 3 章を担当

「経営とITと人材育成」を手掛ける株式会社エムティブレイン（http://mt-brain.jp）の代表取締役。業務改善を指導するITコンサル、IoTやAI及び経営とITの橋渡しをする社外CIOサービスを提供。中小企業診断士、ITコーディネータ、システムアナリスト。著者に「ITコンサルティングの基本」（共著、日本実業出版社）他。

田代　博之（たしろ　ひろゆき）……… 第４章を担当

商社、SIerなどで営業のキャリアを積みながら、製造業を中心としたITやIoTの導入に関わる。現在では中小企業に向け、販路開拓などの営業支援、IT/IoT/WEBの導入や活用などのIT支援で活動中。アクシアパートナー代表。中小企業診断士。

末石　吾朗（すえいし ごろう）………… 第５章を担当

東京電機大学非常勤講師。精密機械メーカーのエンジニアから専門学校講師となり、情報処理関連の教育に従事。C言語や組み込みシステム、情報処理試験対策などの著作を行う。

松尾　圭浩（まつお　よしひろ）……… 第６章と「まえがき」を担当

1994年大阪府立工業高等専門学校電気工学科卒業。ETロボコン関西地区事務局局長、IoT検定ユーザー試験開発WGメンバー、ET/IoT West大阪WGメンバーとして、初級組込み技術者の教育支援を行う傍ら、自らも資格取得を精力的に行い、一生勉強の精神で突き進んでいる。

合田　竜貴（ごうだ　たつき）………… 第７章を担当

BPOサービスを提供する企業の営業戦略本部に所属。社内のDBを活用した営業戦略の立案や、クライアント企業のデータ分析支援業務に従事。中小企業診断士として中小企業の経営支援やIoT導入支援も多数実施。2016年２月IoTプロコーディネーター試験合格。

高橋　和樹（たかはし　かずき）……… 第８章を担当

株式会社アークテック IoT推進センタ センタ長。入社後より大手SIerでシステム開発を担当。数多くの開発経験を積み重ね、某企業の情報システム部でJavaの講師を行う。現在は会社の経営にも携わる傍ら、ベトナムでの駐在経験を活かしオフショア開発の推進を行う。

■お問い合わせについて

・ご質問は本書に記載されている内容に関するものに限定させていただきます。本書の内容と関係のないご質問には一切お答えできませんので、あらかじめご了承ください。
・電話でのご質問は一切受け付けておりませんので、FAXまたは書面にて下記問い合わせ先までお送りください。また、ご質問の際には書名と該当ページ、返信先を明記してくださいますようお願いいたします。
・お送りいただいたご質問には、できる限り迅速にお答えできるよう努力いたしておりますが、お答えするまでに時間がかかる場合がございます。また、回答の期日をご指定いただいた場合でも、ご希望にお応えできるとは限りませんので、あらかじめご了承ください。
・ご質問の際に記載された個人情報は、ご質問への回答以外の目的には使用しません。また、回答後は速やかに破棄いたします。

■問い合わせ先
〒162-0846
東京都新宿区市谷左内町21-13
株式会社技術評論社 書籍編集部

「図解即戦力　IoTのしくみと技術がこれ1冊でしっかりわかる教科書
IoT検定パワーユーザー対応版」係

FAX：03-3513-6167

技術評論社ホームページ　https://book.gihyo.jp/116/

■装丁 ………… 井上新八
■本文デザイン ………… BUCH+
■本文イラスト ………… リンクアップ
■DTP ………… リンクアップ
■撮影 ………… 蝦名悟
■編集 ………… 矢野俊博

図解即戦力《ずかいそくせんりょく》
IoT《アイオーティー》のしくみと技術《ぎじゅつ》がこれ1冊《さつ》で
しっかりわかる教科書《きょうかしょ》
IoT《アイオーティー》検定《けんてい》パワーユーザー対応版《たいおうばん》

2020年3月 7日　初版　第1刷発行
2022年4月28日　初版　第2刷発行

著　者　IoT《アイオーティー》検定《けんてい》ユーザー教育推進《きょういくすいしん》ワーキンググループ
発行者　片岡　巌
発行所　株式会社技術評論社
東京都新宿区市谷左内町21-13
電話　03-3513-6150　販売促進部
03-3513-6160　書籍編集部
印刷／製本　株式会社加藤文明社

ISBN978-4-297-11179-3 C3055　Printed in Japan